工业和信息产业职业教育教学指导委员会"十二五"规划教材
全国高等职业教育计算机系列规划教材

软件工程与项目案例教程

丛书编委会

电子工业出版社
Publishing House of Electronics Industry
北京·BEIJING

内 容 简 介

本书从实用、够用的角度出发,以图书馆管理系统为主线,采用项目导向、任务驱动案例教学方式,详细地讲述了软件工程的基本原理、概念、技术和方法。

本书分为基础理论篇、分析与设计篇、维护与管理篇共 3 篇、10 个项目。

基础理论篇讲述了软件工程概念、软件的定义、软件危机、软件的生命周期、开发模型及 UML 的概念模型、UML 的静态建模机制及动态建模机制。同时,还介绍了两种常见的建模工具 IBM Rational Rose 及 Microsoft Office Visio 的使用方法。

分析与设计篇讲述了项目市场调研、软件项目需求分析、软件项目总体设计、软件项目详细设计。以图书馆管理系统为案例,以面向对象设计方法为重点,运用 UML 建模语言,详细描述了市场调研、需求分析、总体设计及详细设计的建模过程。

维护与管理篇讲述了软件项目实现、软件测试、软件维护及软件项目管理。同时,还介绍了 Microsoft Project 的使用方法。

本书语言简练,通俗易懂,采用项目案例教学方法,注重培养学生动手能力,并且每个项目后都附有实验实训和习题,供学生及时消化对应任务内容之用。本书可作为高职高专院校、成人教育学院软件工程的教材,也可以作为软件开发设计人员的参考材料。

未经许可,不得以任何方式复制或抄袭本书之部分或全部内容。
版权所有,侵权必究。

图书在版编目(CIP)数据

软件工程与项目案例教程 /《全国高等职业教育计算机系列规划教材》编委会编. —北京:电子工业出版社,2011.1

工业和信息产业职业教育教学指导委员会"十二五"规划教材　全国高等职业教育计算机系列规划教材

ISBN 978-7-121-12251-4

Ⅰ. ①软… Ⅱ. ①工… Ⅲ. ①软件工程-高等学校:技术学校-教材②软件开发-项目管理-高等学校:技术学校-教材　Ⅳ. ①TP311.5

中国版本图书馆 CIP 数据核字(2010)第 221127 号

策划编辑:左　雅
责任编辑:徐云鹏　特约编辑:张燕虹
印　　刷:三河市鑫金马印装有限公司
装　　订:三河市鑫金马印装有限公司
出版发行:电子工业出版社
　　　　　北京市海淀区万寿路 173 信箱　邮编　100036
开　　本:787×1 092　1/16　印张:15.25　字数:390 千字
版　　次:2011 年 1 月第 1 版
印　　次:2016 年 2 月第 5 次印刷
定　　价:35.00 元

凡所购买电子工业出版社图书有缺损问题,请向购买书店调换。若书店售缺,请与本社发行部联系,联系及邮购电话:(010)88254888。

质量投诉请发邮件至 zlts@phei.com.cn,盗版侵权举报请发邮件至 dbqq@phei.com.cn。
服务热线:(010)88258888。

丛书编委会

主　　任　郝黎明　逄积仁
副 主 任　左　雅　方一新　崔　炜　姜广坤　范海波　敖广武　徐云晴　李华勇
委　　员（按拼音排序）

陈国浪　迟俊鸿　崔爱国　丁　倩　杜文洁　范海绍　何福男
贺　宏　槐彩昌　黄金栋　蒋卫祥　李　琦　刘宝莲　刘红军
刘　凯　刘兴顺　刘　颖　卢锡良　孟宪伟　庞英智　钱　哨
乔国荣　曲伟峰　桑世庆　宋玲玲　王宏宇　王　华　王晶晶
温丹丽　吴学会　邢彩霞　徐其江　严春风　姚　嵩　殷广丽
尹　辉　俞海英　张洪明　张　薇　赵建伟　赵俊平　郑　伟
周绯非　周连兵　周瑞华　朱香卫　邹　羚

本书编委会

主　　编　张洪明　亓胜田
副 主 编　张义明　陈卫国　张洪亮　张淑红
参　　编　侯　勇　刘　伟　刘俊宁　许万润　姚培荣　刘　玉

丛书编委会院校名单

（按拼音排序）

保定职业技术学院	山东省潍坊商业学校
渤海大学	山东司法警官职业学院
常州信息职业技术学院	山东信息职业技术学院
大连工业大学职业技术学院	沈阳师范大学职业技术学院
大连水产学院职业技术学院	石家庄信息工程职业学院
东营职业学院	石家庄职业技术学院
河北建材职业技术学院	苏州工业职业技术学院
河北科技师范学院数学与信息技术学院	苏州托普信息职业技术学院
河南省信息管理学校	天津轻工职业技术学院
黑龙江工商职业技术学院	天津市河东区职工大学
吉林省经济管理干部学院	天津天狮学院
嘉兴职业技术学院	天津铁道职业技术学院
交通运输部管理干部学院	潍坊职业学院
辽宁科技大学高等职业技术学院	温州职业技术学院
辽宁科技学院	无锡旅游商贸高等职业技术学校
南京铁道职业技术学院苏州校区	浙江工商职业技术学院
山东滨州职业学院	浙江同济科技职业学院
山东经贸职业学院	

前　　言

本书的编写以任务驱动案例教学为核心，以项目开发为主线。我们在研究分析了国内、外先进职业教育的培训模式、教学方法和教材特色的基础上，消化吸收了优秀教材的编写经验和成果，本书以培养计算机应用技术人才为目标，以企业对人才的需要为依据，把软件工程和项目管理的思想完全融入教材中，将基本技能培养和主流技术相结合。书中每个项目编写重点突出、主辅分明、结构合理、衔接紧凑。本书侧重培养学生的实战操作能力，将学、思、练相结合，旨在通过项目案例实践，增强学生的职业能力，使知识从书本中释放并转化为专业技能。

本书特点

本书以"图书馆管理系统"项目为主线，将"图书馆管理系统"项目分成不同的任务。每个任务既相对完整独立又有一定连续性，教学活动的过程是完成每一个任务的过程。完成了"图书馆管理系统"的项目调研、需求、分析、设计的过程，也就完成了本课程学习的过程。选择"图书馆管理系统"项目，是因为项目涉及的业务领域和工作任务是学生熟悉的、感兴趣的，很容易激发学习热情，同时很快就能上手。"图书馆管理系统"项目所分解的子任务涉及本课程几乎所有知识点，随着项目逐步展开，学生将以子任务为动力，积极参与项目调研、需求分析、项目设计等过程。经过前后几次迭代，完成"图书馆管理系统"项目，学生也就完成了对本课程知识的学习到应用的全过程。

本书编写侧重面向对象的分析与设计思想描述。对面向过程的分析与设计只做少量描述。这是与已经出版的同类书籍（两者并重）的区别，这样很适宜学生学习与掌握本课程内容。山东经贸职业学院的学生试用本书取得较好的效果。

本书与国内、外同类教材相比有以下优点。

（1）以项目调研、需求、分析、设计、开发为主线，抛弃原有教材以章节为线索的编排模式。

（2）以任务驱动案例教学为核心，抛弃先讲理论后讲实例的传统模式。

（3）先有项目讲解，后有实验实训，达到跟我学、学中做的效果。

（4）本书以一个完整项目（图书馆管理系统）为主线，用软件工程的思想进行分析、设计，学习完项目（图书馆管理系统）过程，也就完成了对本书的知识点学习的过程。

读者对象

本书由多家院校的教师联合编写。作者拥有丰富的教学和软件开发经验。全书共分为3篇、10个项目，需要约64个课时。为了给教师授课提供方便，本书提供了PPT课件（可登录华信教育资源网www.hxedu.com.cn），供教师授课使用。

本书内容翔实，适应对象广且实用性强，既可作为高职高专院校、成人教育学院软件工程的教材，也可以作为参加自学考试人员、软件开发设计人员、工程技术人员及其他相关人员的参考材料或培训教材。

本书由张洪明、亓胜田担任主编，张义明、陈卫国、张洪亮、张淑红担任副主编，侯勇、刘伟、刘俊宁、许万润、姚培荣、刘玉参与本书的部分编写工作。具体分工如下：项目1~6由张洪明负责编写，项目7~10由亓胜田负责编写，其他老师分别参与了项目部分任务的编写工作。全书由张洪明负责统稿。

本书在编写过程难免会有错误，对于教材的任何问题请使用E-mail发送到作者邮箱：mdzx7@sina.com，欢迎读者与我们联系，帮助我们改正提高。

编　者

目　　录

第1篇　基础理论篇

项目1　软件工程概述 ……………………………………………………………………（2）
　　任务1.1　软件工程 ……………………………………………………………………（3）
　　　　1.1.1　软件的定义及其特点 ………………………………………………………（3）
　　　　1.1.2　软件危机 ……………………………………………………………………（4）
　　　　1.1.3　软件工程的概念和原则 ……………………………………………………（5）
　　任务1.2　软件生命周期与软件开发模型 ……………………………………………（6）
　　　　1.2.1　软件生命周期 ………………………………………………………………（6）
　　　　1.2.2　软件开发模型 ………………………………………………………………（9）
　　任务1.3　建模工具 ……………………………………………………………………（10）
　　小结 ………………………………………………………………………………………（12）
　　实验实训 …………………………………………………………………………………（13）
　　习题 ………………………………………………………………………………………（13）

项目2　统一建模语言（UML） …………………………………………………………（15）
　　任务2.1　UML的概述 …………………………………………………………………（15）
　　　　2.1.1　UML的概念 …………………………………………………………………（15）
　　　　2.1.2　UML的发展过程 ……………………………………………………………（16）
　　　　2.1.3　UML的主要内容 ……………………………………………………………（16）
　　任务2.2　UML的概念模型 ……………………………………………………………（17）
　　　　2.2.1　UML有三个基本的构造块（事物、关系、图） …………………………（17）
　　　　2.2.2　UML的规则 …………………………………………………………………（21）
　　　　2.2.3　UML中的公共机制 …………………………………………………………（21）
　　任务2.3　UML的静态建模机制 ………………………………………………………（22）
　　　　2.3.1　用例图 ………………………………………………………………………（22）
　　　　2.3.2　类图 …………………………………………………………………………（25）
　　　　2.3.3　对象图 ………………………………………………………………………（30）
　　　　2.3.4　包 ……………………………………………………………………………（30）
　　　　2.3.5　使用类图的几个建议 ………………………………………………………（31）
　　任务2.4　UML的动态建模机制 ………………………………………………………（31）
　　　　2.4.1　对象之间的交互 ……………………………………………………………（32）
　　　　2.4.2　状态图 ………………………………………………………………………（33）
　　　　2.4.3　交互图 ………………………………………………………………………（36）
　　　　2.4.4　活动图 ………………………………………………………………………（38）
　　　　2.4.5　4种图的运用 ………………………………………………………………（39）
　　小结 ………………………………………………………………………………………（40）

·VII·

实验实训 ……………………………………………………………………………………… (40)
  实训一 Microsoft Office Visio 2003 的基础操作 ……………………………………… (40)
  实训二 Rational Rose 的基础操作 ………………………………………………… (42)
  实训三 学生管理系统练习 ……………………………………………………… (45)
习题 …………………………………………………………………………………………… (46)

第2篇 分析与设计篇

项目3 项目市场调研 …………………………………………………………………………… (49)
任务 3.1 系统的研发背景 ……………………………………………………………… (49)
  3.1.1 图书馆管理系统的提出 ……………………………………………………… (49)
  3.1.2 国内、外研发现状 …………………………………………………………… (50)
任务 3.2 软件开发计划 ………………………………………………………………… (51)
  3.2.1 问题定义 ……………………………………………………………………… (51)
  3.2.2 可行性分析 …………………………………………………………………… (52)
  3.2.3 可行性分析报告 ……………………………………………………………… (55)
  3.2.4 系统的开发计划 ……………………………………………………………… (61)
小结 …………………………………………………………………………………………… (62)
实验实训 ……………………………………………………………………………………… (63)
习题 …………………………………………………………………………………………… (63)

项目4 软件项目需求分析 ……………………………………………………………………… (65)
任务 4.1 调查系统的需求 ……………………………………………………………… (65)
  4.1.1 功能需求和技术需求 ………………………………………………………… (65)
  4.1.2 系统相关者 …………………………………………………………………… (66)
  4.1.3 建立系统需求原型 …………………………………………………………… (66)
任务 4.2 模型 …………………………………………………………………………… (67)
  4.2.1 模型的作用及类型 …………………………………………………………… (67)
  4.2.2 逻辑模型和物理模型 ………………………………………………………… (68)
任务 4.3 事件 …………………………………………………………………………… (69)
  4.3.1 事件的概念和类型 …………………………………………………………… (69)
  4.3.2 事件定义 ……………………………………………………………………… (70)
  4.3.3 图书馆管理系统中的事件 …………………………………………………… (71)
任务 4.4 事物 …………………………………………………………………………… (72)
  4.4.1 事物的概念和类型 …………………………………………………………… (72)
  4.4.2 事物之间的关系 ……………………………………………………………… (73)
  4.4.3 事物的属性 …………………………………………………………………… (74)
  4.4.4 数据实体和对象 ……………………………………………………………… (74)
任务 4.5 实体—联系图 ………………………………………………………………… (75)
任务 4.6 类图 …………………………………………………………………………… (76)
  4.6.1 用面向对象的方法分析事物 ………………………………………………… (77)
  4.6.2 类图的符号 …………………………………………………………………… (78)

>　　4.6.3　建模的目标 ··· (79)
>　　4.6.4　需求分析规格说明书编写提纲 ··· (79)
>小结 ·· (80)
>实验实训 ·· (81)
>　　实训一　使用 Visio 2003 绘制流程图 ··· (81)
>　　实训二　学生管理系统练习 ··· (84)
>习题 ·· (85)

项目5　软件项目总体设计 ··· (87)
>任务5.1　总体设计的基本内容 ··· (87)
>　　5.1.1　软件设计定义 ··· (87)
>　　5.1.2　总体设计的目标与步骤 ··· (88)
>　　5.1.3　总体设计的基本任务 ··· (88)
>　　5.1.4　总体设计的准则 ··· (89)
>任务5.2　结构化的软件设计 ··· (91)
>　　5.2.1　结构化设计的基本概念 ··· (91)
>　　5.2.2　结构化的设计方法 ··· (93)
>　　5.2.3　运行环境设计 ··· (95)
>任务5.3　面向对象的软件设计 ··· (96)
>　　5.3.1　面向对象的设计方法 ··· (96)
>　　5.3.2　系统行为——图书馆管理系统的用例图 ····································· (98)
>　　5.3.3　对象交互——图书馆管理系统的交互图 ····································· (104)
>　　5.3.4　对象行为——图书馆管理系统的状态图 ····································· (109)
>小结 ·· (111)
>实验实训 ·· (111)
>　　实训一　使用 Rational Rose 绘制图书馆管理系统的用例图 ······················· (111)
>　　实训二　使用 Rational Rose 绘制图书馆管理系统的顺序图 ······················· (115)
>　　实训三　使用 Rational Rose 绘制图书馆管理系统的状态图 ······················· (118)
>　　实训四　学生管理系统练习 ··· (121)
>习题 ·· (121)

项目6　软件项目详细设计 ··· (123)
>任务6.1　系统详细设计的基本内容 ··· (123)
>　　6.1.1　详细设计概述 ··· (123)
>　　6.1.2　详细设计的基本任务 ··· (124)
>　　6.1.3　详细设计方法 ··· (125)
>任务6.2　图书馆管理系统的详细设计 ··· (128)
>　　6.2.1　系统包图 ··· (128)
>　　6.2.2　类的类型以及类之间的关系 ··· (129)
>　　6.2.3　图书馆管理系统的类图 ··· (130)
>　　6.2.4　设计类图的开发 ··· (131)
>任务6.3　用户界面设计 ··· (132)

	6.3.1 用户界面设计应具有的特点	(132)
	6.3.2 用户界面设计的基本类型和基本原则	(133)
	6.3.3 图书馆管理系统的界面设计	(135)

小结 ······ (139)

实验实训 ······ (139)

  实训一 使用 Rational Rose 绘制图书馆管理系统的类图 ······ (139)

  实训二 学生管理系统练习 ······ (143)

习题 ······ (144)

第 3 篇 维护与管理篇

项目 7 软件项目实现 ······ (147)

 任务 7.1 结构化程序设计 ······ (147)

  7.1.1 结构化程序设计的原则 ······ (147)

  7.1.2 结构化程序的基本结构与特点 ······ (148)

  7.1.3 结构化程序设计原则和方法 ······ (148)

 任务 7.2 面向对象程序设计 ······ (149)

  7.2.1 数据抽象和封装 ······ (149)

  7.2.2 继承 ······ (150)

  7.2.3 多态 ······ (151)

 任务 7.3 程序设计语言 ······ (151)

  7.3.1 程序设计语言 ······ (151)

  7.3.2 程序设计语言分类 ······ (152)

 任务 7.4 程序复杂度 ······ (154)

  7.4.1 时间复杂度 ······ (154)

  7.4.2 空间复杂度 ······ (154)

 小结 ······ (154)

 实验实训 ······ (155)

 习题 ······ (155)

项目 8 软件测试 ······ (157)

 任务 8.1 软件测试基础 ······ (157)

  8.1.1 什么是软件测试 ······ (157)

  8.1.2 软件测试的目的和原则 ······ (158)

  8.1.3 程序错误分类 ······ (159)

 任务 8.2 软件测试方法 ······ (161)

  8.2.1 黑盒测试和白盒测试 ······ (161)

  8.2.2 软件测试步骤 ······ (162)

 任务 8.3 面向对象软件测试 ······ (167)

  8.3.1 面向对象软件测试的定义 ······ (167)

  8.3.2 测试计划 ······ (168)

  8.3.3 面向对象的测试 ······ (169)

　　　　8.3.4　测试类的层次结构 ……………………………………………………………… (172)
　　　　8.3.5　分布式对象测试 …………………………………………………………………… (172)
　　任务8.4　软件测试报告 ……………………………………………………………………………… (174)
　　　　8.4.1　软件测试报告 ……………………………………………………………………… (174)
　　　　8.4.2　测试报告模板 ……………………………………………………………………… (174)
　　小结 …………………………………………………………………………………………………… (178)
　　实验实训 ……………………………………………………………………………………………… (178)
　　　　实训一　黑盒测试 ……………………………………………………………………………… (178)
　　　　实训二　白盒测试 ……………………………………………………………………………… (181)
　　　　实训三　单元测试 ……………………………………………………………………………… (183)
　　习题 …………………………………………………………………………………………………… (184)
项目9　软件维护 ………………………………………………………………………………………… (185)
　　任务9.1　软件维护的概念 …………………………………………………………………………… (185)
　　　　9.1.1　软件维护的目的及类型 …………………………………………………………… (185)
　　　　9.1.2　软件维护的定义 …………………………………………………………………… (187)
　　　　9.1.3　软件维护的策略 …………………………………………………………………… (187)
　　任务9.2　软件维护的成本 …………………………………………………………………………… (188)
　　　　9.2.1　影响软件维护的因素 ……………………………………………………………… (188)
　　　　9.2.2　软件维护成本的分析 ……………………………………………………………… (189)
　　任务9.3　软件维护方法 ……………………………………………………………………………… (189)
　　　　9.3.1　软件维护报告 ……………………………………………………………………… (189)
　　　　9.3.2　软件维护事件流 …………………………………………………………………… (190)
　　　　9.3.3　评价软件维护活动 ………………………………………………………………… (190)
　　任务9.4　软件可维护性 ……………………………………………………………………………… (191)
　　　　9.4.1　软件可维护性的定义 ……………………………………………………………… (191)
　　　　9.4.2　提高可维护性的方法 ……………………………………………………………… (191)
　　小结 …………………………………………………………………………………………………… (195)
　　实验实训 ……………………………………………………………………………………………… (195)
　　习题 …………………………………………………………………………………………………… (196)
项目10　软件项目管理 ………………………………………………………………………………… (198)
　　任务10.1　软件项目管理的特点和内容 …………………………………………………………… (198)
　　　　10.1.1　软件项目管理的特点 …………………………………………………………… (198)
　　　　10.1.2　软件项目管理的内容 …………………………………………………………… (199)
　　任务10.2　风险管理 ………………………………………………………………………………… (202)
　　　　10.2.1　风险来源 …………………………………………………………………………… (203)
　　　　10.2.2　风险识别 …………………………………………………………………………… (205)
　　　　10.2.3　风险应对控制 ……………………………………………………………………… (206)
　　任务10.3　项目人力资源管理 ……………………………………………………………………… (209)
　　　　10.3.1　组织规划 …………………………………………………………………………… (210)
　　　　10.3.2　人员组织 …………………………………………………………………………… (212)

  10.3.3 团队发展 …………………………………………………………………（213）
任务 10.4 进度计划管理 ……………………………………………………………（215）
  10.4.1 制定项目进度计划 ………………………………………………………（216）
  10.4.2 界定项目的范围和进度 …………………………………………………（217）
任务 10.5 质量管理 …………………………………………………………………（219）
  10.5.1 质量计划 …………………………………………………………………（220）
  10.5.2 质量保证 …………………………………………………………………（222）
  10.5.3 质量控制 …………………………………………………………………（223）
小结 ……………………………………………………………………………………（225）
实验实训 ………………………………………………………………………………（226）
  实训一 Microsoft Project 软件的初步练习 ………………………………………（226）
  实训二 利用 Microsoft Project 进行时间进度的安排 …………………………（227）
  实训三 Project 2003 练习 ……………………………………………………………（230）
习题 ……………………………………………………………………………………（231）
参考文献 ………………………………………………………………………………（232）

第1篇 基础理论篇

> Chapter 1

项目1　软件工程概述

　　任务1.1　软件工程

　　任务1.2　软件生命周期与软件开发模型

　　任务1.3　建模工具

项目2　统一建模语言（UML）

　　任务2.1　UML的概述

　　任务2.2　UML的概念模型

　　任务2.3　UML的静态建模机制

　　任务2.4　UML的动态建模机制

项目1 软件工程概述

计算机系统的发展与微电子的进步息息相关。自1946年计算机诞生以来,计算系统已经历了电子管、晶体管、集成电路、大规模集成电路、超大规模集成电路等多个不同的发展时期。由于微电子学技术的进步,计算机硬件性能/价格比平均每10年提高2个数量级,而且质量稳步提高。与此同时,正在使用的计算机软件的数量以惊人的速度急剧上升,计算机软件成本在逐年上升,但质量却没有可靠的保证,软件开发的生产率也远远跟不上计算机应用的要求,软件已经成为限制计算机系统发展的关键因素。

在计算机系统发展的过程中,早期所形成的一些错误概念和做法曾严重地阻碍了计算机软件开发。用错误方法开发出来的许多大型软件由于无法维护只好提前报废,造成大量人力、物力的浪费。西方计算机科学家把在软件开发和维护中遇到的一系列严重问题统称为"软件危机"。在20世纪60年代后期,人们开始认真研究解决软件危机的方法,从而形成了计算机科学技术领域中的一门新兴的学科——计算机软件工程学,通常称为软件工程。在以计算机为核心的信息化社会中,信息的获取、处理、交流和决策都需要大量高质量的软件,因此软件工程一直是人们研究的焦点。

项目要点:
- 了解软件的定义特点。
- 了解软件危机产生的原因及解决方法。
- 了解常见的几类软件开发模型。
- 掌握软件工程概念和原则。
- 掌握软件生命周期各阶段应解决的问题。

任务 1.1 软 件 工 程

1.1.1 软件的定义及其特点

1. 软件的定义

软件是与计算机系统中硬件相互依存的部分，它是包括程序、数据及相关文档的完整集合。其中，程序是按事先设计好的功能和性能要求执行的指令序列；数据是程序所处理信息的数据结构；文档是与程序开发、维护和使用的各种图文资料。

2. 软件的特点

为了全面、正确地理解计算机系统及软件，必须了解软件的以下特点。

1）抽象性

软件是一种逻辑实体，而不是具体的物理实体。这种抽象性是软件与硬件的根本区别。软件一般寄生在纸、内存储器、磁带、磁盘或光盘等载体上，我们无法观察到它的具体形态，而必须通过对它的分析来了解它的功能和特征。

2）无明显的制造过程

软件的生产与其他的硬件的生产不同，它无明显的制造过程。在硬件的制造过程中，必须对第一个制造环节进行质量控制，以保证整个硬件的质量，并且每一个硬件都几乎付出与样品同样的生产资料成本。软件是将人类的知识和技术转化成产品，软件产品的开发成本几乎全部用在样品的开发设计上，其制造过程则非常简单，人们可以用很低的成本进行软件产品的复制，因此也产生了软件产品的保护问题。软件产品保护这个问题已引起国际上的普遍重视，为保护软件开发者的根本利益，除国家在法律上采取有力的措施之外，开发者在技术上也采取了各种措施，防止对软件产品的随意复制。

3）无磨损、老化的问题

在软件的运行和使用期间，没有像硬件那样的磨损、老化问题。任何机械、电子设备在运行和使用过程中，其失效率大致遵循 U 形曲线（浴盆曲线），如图 1-1 所示。软件的情况则与此不同，它不存在磨损和老化问题，然而它却存在退化的问题，设计人员必须不断地修改软件。软件失效率曲线如图 1-2 所示。

4）对硬件系统的依懒性

软件的开发和运行往往受到计算机系统的限制，对计算机有着不同程度的依赖性，为了减少这种依赖性，在软件开发中提出了软件的可移植问题。

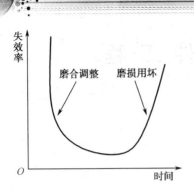
图1-1 硬件失效率曲线

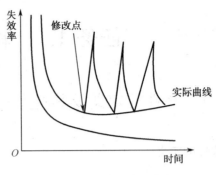
图1-2 软件失效率曲线

5）复杂性

软件本身是复杂的。软件的复杂性可能来自它所反映的实际问题的复杂性，也可能来自程序逻辑结构的复杂性。

6）成本昂贵

软件的研制工作需要投入大量的、复杂的、高强度的脑力劳动，它投入的成本是较高的。

7）社会性

相当多的软件工作涉及各种社会因素，许多软件的开发和运行涉及机构设置、体制运作及管理方式等问题，甚至涉及人们的观念和心理，这些因素直接影响到软件项目的成败。

1.1.2 软件危机

1. 软件危机

20世纪60年代中期到20世纪70年代中期，"软件危机"一词在计算机界广为流传。这个时期的一个重要特征是出现了"软件作坊"，广泛使用产品软件。"软件作坊"基本上仍然沿用了早期形成的个体化软件开发方法。同时，随着计算机应用的日益普及，软件数量急剧膨胀，在程序运行时发现的错误必须及时地改正；用户有了新的需求时必须相应地修改程序；硬件或操作系统更新时需要修改程序以适应新的环境。上述的种种维护工作，以令人吃惊的比例耗费资源。更严重的是，许多程序的个体化特性使得它们最终成为不可维护的系统，于是"软件危机"开始出现了！1968年，在前联邦德国召开北大西洋公约组织的国际会议上，计算机科学家们讨论了软件危机的问题。在这次会议上，正式提出并使用了"软件工程"这个名词，一门新兴的学科就此诞生了。

2. 软件危机的原因及解决方法

软件危机是指在计算机软件开发和维护过程中所遇到的一系列严重问题。产生软件危机的主要原因如下。

（1）由于缺乏软件开发经验和有关软件开发数据的积累，使得开发工作的计划很难制订，以致经常出现超出经费预算，无法遵循进度计划，完成开发的期限一再拖延等情况。

（2）软件需求在开发的初级阶段不够明确，或未能得到确切的表达。开发工作开始后，软件人员和用户又未能及时交换意见，造成矛盾在开发后期集中暴露。

（3）对开发过程没有统一、公认的方法论和规范进行指导，参加开发的人员各行其是。另外，设计和实现过程的资料很难维护。

（4）未能在测试阶段做好充分的检测工作，提交给用户的软件质量差，在运行过程中暴露大量的问题。

如果不能有效地排除这些障碍，软件的发展是没出路的。因此，许多计算机软件专家尝试把其他工作领域中行之有效的工程学知识运用到软件开发工作中。经过不断的实践总结，最后得出结论：按工程化的原则和方法组织软件的开发工作是有效的，是解决软件危机的一个重要方法。由此，软件工程成为计算机科学技术中的一个新领域，它从管理和技术两方面研究如何更好地开发和维护计算机软件，有效地缓解了软件危机所引发的种种问题。

1.1.3 软件工程的概念和原则

1. 软件工程的概念

软件工程是指应用计算机科学、数学及管理科学等原理，以工程化的原则和方法来解决软件问题，指导计算机软件开发和维护的一门工程学科。

软件工程过程是为了获得好的软件产品，在软件开发工具的支持下，由软件开发者即软件工程师完成的一系列软件工程活动。软件工程过程通常包含以下四种基本活动。

（1）软件需求规格说明。确定被开发软件的功能及性能指标，给出软件运行的约束。

（2）软件开发。开发出满足软件需求规格说明的软件。

（3）软件确认。确认软件能够满足客户提出的需求。

（4）软件维护。为满足用户对软件提出的新需求，软件必须在使用中不断维护。

事实上，软件工作过程是一个软件开发机构针对某类软件产品为自己规定的工作步骤，它应当是科学的、合理的，否则必将影响产品的质量。

2. 软件工程的原则

软件工程的目的是提高软件生产率，提高软件质量，降低软件成本。为了达到这个目的，在软件的开发过程中必须遵循以下软件工程原则。

1）抽象

抽取事物最基本的特性和行为，忽略非基本细节。采用分层次抽象，自顶向下、逐层细化的办法控制软件开发过程的复杂性。

2）信息隐藏

将模块设计成"黑箱"实现细节隐藏在模块内部，不让模块的使用者直接访问，这就是所谓信息封装（使用和实现分离）的原则。使用者只能通过模块接口访问模块中封装的数据。

3）模块化

模块是程序中在逻辑上相对自主的成分，是独立的编程单位，应有良好的接口定义，如 C++语言程序中的类、C 语言程序中的函数过程。模块化有助于信息隐藏和抽象，有助于表示复杂的系统。

4）局部化

在一个物理模块内集中逻辑上相互关联的计算机资源，保证模块之间有松散的耦合，模块内部有较强的内聚，这有助于控制软件的复杂性。

5）确定性

软件开发过程中所有概念的表达是确定的、无歧义的、规范的。这样有助于人们在交流时不会产生误解、遗漏，保证整个开发工作的协调一致。

6）一致性

整个软件系统（包括程序、文档和数据）的各个模块应使用一致的概念、符号和术语；程序内、外部接口应保持一致；软件同硬件、操作系统的接口应保持一致；用于形式化规格说明的公理系统应保持一致。

7）完备性

软件系统不丢失任何重要的成分，可以完全实现系统所要求的功能。为了保证系统的完备性，在软件开发和运行中需要严格的技术评审。

8）可验证性

开发大型的软件时需要对系统自顶向下、逐层分解。系统分解应遵循使系统易于检查、测试、评审的原则，以确保系统的正确性。

使用一致性、完备性和可验证性可帮助开发者设计一个正确的系统。

任务 1.2 软件生命周期与软件开发模型

1.2.1 软件生命周期

任何一个软件或软件系统都要经历软件定义、软件开发、软件的使用和维护、退役这 4 个阶段，我们把软件的这 4 个阶段称为软件生命周期。目前，对软件生命周期各阶段的划分尚不统一，有的分得粗些，有的分得细些，无论是哪一种划分方式，都应包括软件定义、软件开发、软件的使用和维护、退役这 4 个阶段。本书将软件生命周期的这 4 个阶段细分为软件定义阶段（由问题定义子阶段、可行性研究子阶段、需求分析子阶段组成）、软件开发阶段（由概要设计子阶段、详细设计子阶段、编码子阶段、测试子阶段组成）、软件的使用和维护阶段（由运行子阶段、维护子阶段组成）和退役阶段。每个阶段既相互独立又彼此有联系，上一阶段的工作结果是下一阶段的工作依据，下一阶段是上一阶段的进化。下面简要介绍各阶段的主要任务和结束标志。

1. 软件定义阶段

软件定义阶段的任务是确定软件系统必须完成的总目标；确定工程的可行性，分析实现工程目标应采取的技术和软件系统必须完成的功能和性能；估计完成该项目所需资源和成本，给出开发工程的进度表。软件定义又称为系统分析，由系统分析员完成。软件定义阶段通常可细分为三个子阶段：问题定义子阶段、可行性研究子阶段、需求分析子阶段。通常，将问题定义和可行性研究两个子阶段合称为软件项目计划。

1) 问题定义子阶段

问题定义子阶段要回答的关键问题是："要解决的问题是什么？"通过问题定义子阶段的工作，系统分析员应提出关于问题的性质、软件系统的目标和规模的书面报告。通过对系统的实际用户和使用部门负责人的询问调查，分析员要扼要地写出他对问题的理解，并在用户和使用部门负责人的会议上认真讨论这份书面报告，澄清含糊不清的地方，改正理解不正确的地方，最后得出一份双方都满意的文档。

2) 可行性研究子阶段

可行性研究子阶段要回答的问题是："对于上个阶段所确定的问题有行得通的解决办法吗？"这个子阶段的任务不是具体解决问题，而是研究问题的范围，探索这个问题是否值得去解决，是否有可行的解决办法。在该子阶段，系统分析员需在较短的时间内模拟进行系统分析和设计过程，即在较抽象的层次下进行分析和设计。系统分析员要对用户的需求和环境进行深入细致的调查，在此基础之上进行技术上、经济上、法律上等多方面的可行性论证。

可行性研究的结果是部门负责人做出是否继续进行这项工程的重要依据，一般来说，只有投资可能取得较大效益的那些工程项目才值得继续进行下去。不值得投资的工程项目要及时中止，以避免更大的浪费。

3) 需求分析子阶段

需求分析子阶段的任务仍然不是具体地解决问题，而是准确地确定"为了解决这个问题，目标系统必须做些什么？"也就是深入地描述软件的功能和性能，确定软件设计的限制和软件与其他系统元素的接口，定义软件的其他有效性需求。

系统分析员在需求分析子阶段必须和用户密切配合，充分交流信息，以得出经过用户确认的系统逻辑模型。通常，用数据图、数据字典和简要的算法描述表示系统的逻辑模型。该模型必须准确全面地体现用户的需求，是以后设计系统的基础。该子阶段产生的文档为需求规格说明书。

2. 软件开发阶段

软件开发阶段由概要设计、详细设计、编码和测试4个子阶段组成。其中，概要设计和详细设计统称为软件设计。软件开发是按照需求分析子阶段得到的准确、完整的系统逻辑模型（也称软件需求规格说明书）的要求，从抽象到具体、逐步开发软件的过程。

1）概要设计子阶段

概要设计子阶段必须回答的关键问题是："应该如何宏观地解决这个问题？"以比较抽象概括的方式提出了解决问题的方法。概要设计的主要任务是选择合适的设计方案，确定软件的结构、模块的功能和模块之间的接口以及全局数据结构的设计。

2）详细设计子阶段

详细设计子阶段必须回答的问题是："应该如何具体地实现这个系统？"使解决方法具体化。详细设计任务是设计每个模块的实现细节和局部数据结构。这个子阶段的任务还不是编写程序，而是设计出程序的详细规格说明。这种规格说明的作用很类似于其他工程领域中工程师经常使用的工程蓝图，它们应该包含必要的细节，程序员可以根据它们写出实际的程序代码。

3）编码子阶段

编码子阶段的任务是写出正确、容易理解、容易维护的程序模块。程序员应该根据目标系统的性质和实际环境，选取一种适当的高级程序设计语言（必要时采用汇编语言）把详细设计的结果翻译成用选定的语言写的程序。

4）测试子阶段

测试子阶段的关键任务是通过测试及相应的调试，使软件达到预定的要求。测试可分为模块测试、集成测试和验收测试。通过对测试结果的分析可以对软件的可靠性进行预测，根据预测可以决定测试阶段何时结束。测试员应将测试计划、测试方案和实测结果用正式文档形式保存下来，作为软件配置的一个部分。

3. 软件的使用和维护阶段

在软件开发阶段结束后，软件即可交付使用。软件包的使用通常要持续几年甚至几十年，在整个使用间内，都有可能因为某些原因而修改软件，这便是软件维护。因此，该阶段可细分为两个子阶段，即运行和维护子阶段。

1）运行子阶段

软件工程师将所开发的软件安装在用户需要的运行环境中，移交给用户使用，这个子阶段称为运行子阶段。这个子阶段的问题是"软件能否顺利地为用户进行服务？"由于软件是逻辑产品，复制几乎不需要成本，所以软件产品发行的数量越多，软件开发者的经济效益和社会效益就越明显。软件的运行是软件产品发挥社会和经济效益的重要时期。由于目前的测试技术不可能将软件中存在的问题都检查出来，所以软件在使用过程中用户或软件工程师必须仔细收集已发现的软件运行中的问题，定期或不定期地写出"软件问题报告"。

2）维护

维护子阶段的关键任务是，通过各种必要的维护活动使系统持久地满足用户的需求。通常有4类维护活动：（1）改正性维护，也就是诊断和改正使用过程中发现的软件错误。（2）适应性维护，即修改软件以适应环境的变化。（3）完善性维护，即根据用户的需求改进或扩充软件使它更完善。（4）预防性维护，即修改软件为将来维护活动预先做好准备。

4. 退役阶段

退役是软件生命周期的结束，即停止使用。

1.2.2　软件开发模型

为了指导软件的开发，用不同的方式将软件生命周期中的所有开发活动组织起来，形成不同的软件开发模型，常见的软件开发模型有瀑布模型、演化模型、螺旋模型、喷泉模型等。

1. 瀑布模型

瀑布模型（Waterfall Model），它是1970年由W. Royce提出的。该模型给出了软件生命周期各阶段的固定顺序，上一阶段完成之后才能进入下一阶段，如同瀑布流水，逐级下落，故称为瀑布模型（如图1-3所示）。图中的虚线表示在某一阶段发现错误时，其错误可能是由上一阶段造成的，因此开发过程中可能要反馈到上一阶段。在瀑布模型中，各阶段结束后，都要进行严格的评审。

瀑布模型为软件的开发和维护提供了一种有效的管理模式，对消除非结构化软件、降低软件的复杂度、保证软件产品的质量有重要作用。虽然瀑布模型被广泛使用，但在大量的软件开发实践中也逐渐暴露出它的缺点。瀑布模型缺乏灵活性，无法通过开发活动来澄清本来不够确切的软件需求，这将导致直到软件开发完成时才发现所开发的软件并非是用户所需要的，而此时必须付出高额的代价才能纠正发现的错误。

2. 演化模型

大量的软件开发实践表明，许多开发项目在开始时对软件需求的认识是模糊的，因此，很难一次开发成功。为了减少因对软件需求的了解不够确切而给开发工作带来的风险，我们可以在获取了一组基本的需求后，通过快速分析构造出软件的一个初始可运行版本，这个初始的软件称为原型（Prototype），然后根据用户在试用原型的过程中提出的意见和建议对原型进行改进，获得原型的新版本。重复这一过程，最终可得到令用户满意的软件产品。采用演化模型（Evolutionary Model）的过程，实际上就是从初始的原型逐步演化成最终软件产品的过程。演化模型特别适用于对软件需求缺乏准确认识的情况。

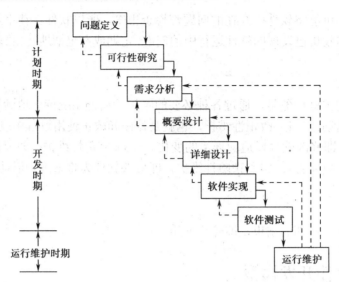

图 1-3 瀑布模型

3. 螺旋模型

螺旋模型（Spiral Model）。1988 年，B.W.Boehm 将瀑布模型和演化模型相结合，提出了螺旋模型，这种模型综合了瀑布模型和演化模型的优点，并增加了风险分析。

螺旋模型包含如下 4 个方面的活动。

（1）制订计划：确定软件的目标，选定实施方案，弄清项目开发的限制条件。

（2）风险分析：分析所选的方案，识别风险，消除风险。

（3）实施工程：实施软件开发，验证阶段产品。

（4）客户评估：评估开发工作，提出修改建议。

采用螺旋模型时，软件开发沿着螺旋自内向外地旋转，每旋转一圈都要对风险进行识别、分析，采取对策以消除或减少风险，进而开发一个更加完美的新软件版本。在旋转的过程中，如发现风险太大，以至于开发者和客户无法承受，那么项目就可能因此而终止。通常，大多数软件都能沿着螺旋自内向外地逐步延伸，最终得到所期望的系统。

4. 喷泉模型

喷泉模型（Water Fountain Model）。它主要用于描述面向对象的开发过程。喷泉一词体现了面向对象的迭代和无间隙特征。迭代意味着模型中的开发活动常常需要多次重复，在迭代过程中，不断地完善软件系统。无间隙是指在开发活动（如分析、设计、编码）之间不存在明显的边界，它不像瀑布模型那样，需求分析活动结束之后才开始设计活动，设计活动结束后才开始编码，而是允许各开发活动交叉、迭代地进行。

任务 1.3 建 模 工 具

面向对象方法的推广使用是建模工具发展的一个主要推动力量。面向对象方法在 20 世纪80年代末期至20世纪90年代中期发展到一个高潮,但由于诸多流派在思想上和术语上有很多不同的提法,概念和术语的运用也各不相同,迫切需要一个统一的标准。正是在这样一种大背景下,人们发明了统一建模语言(UML)。UML是一种定义良好、易于表达、功能强大且普遍适用的建模语言,它融入了软件工程领域的新技术,不仅支持面向对象的分析和设计,还支持从需求分析开始的系统开发的全过程。

UML是面向对象技术发展的重要成果,获得科技界、工业界和应用界的广泛支持,已成为可视化建模语言事实上的工业标准。这里所介绍的"建模工具"仅包括以UML为建模语言的分析设计建模的生成工具。

下面介绍两种典型的建模工具。

1. IBM Rational Rose

IBM Rational Rose for UNIX/Linux 和 IBM Rational Rose Enterprise for Windows 在软件工程领域被公认为UML建模工具的执牛耳者。Rational Rose 为大型软件工程提供了可塑性和柔韧性极强的解决方案,包括:

(1)强有力的浏览器,用于查看模型和查找可重用的组件。

(2)可定制的目标库或编码指南的代码生成机制。

(3)既支持目标语言中的标准类型,又支持用户自定义的数据类型。

(4)保证模型与代码之间转换的一致性。

(5)通过OLE连接,Rational Rose 图表可动态连接到 Microsoft Word 中。

(6)能够与 Rational Visual、Test、SQA Suite 和 SoDA 文档工具无缝集成,完成软件生命周期的全部辅助软件工程工作。

(7)强有力的正/反向建模工作。

(8)缩短开发周期。

(9)降低维护成本。

(10)IBM Rational Rose 通常与 Rational 产品家族的其他软件配合使用。

Rational Rose Enterprise Edition 2003 工作界面如图1-4所示。

2. Microsoft Office Visio

Microsoft Office Visio 是一个图表绘制程序,可以帮助用户描述复杂设想以及系统的业务和技术图表。使用 Visio 创建图表可以使信息形象化,能够以更为直观有效的方式进行信息交流,这是单纯的文字和数字无法比拟的。

Visio 具有以下特点:

(1)使用 Visio 可以轻松创建业务和技术图表,以便仔细研究、组织和更好地理解复杂的设想、过程和系统。

(2)通过拖曳预定义的图元符号可以轻松绘制组合图表。

(3)用户可自定义图元以满足个性化的绘图需求。

(4)使用为特定专门学科而设计的工具,以满足贯穿整个组织对业务和技术图表绘制的需求。

(5)可以从Web访问不断更新的帮助系统和模板。

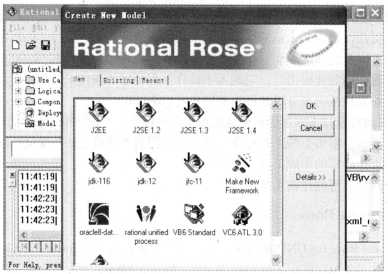

图 1-4　Rational Rose Enterprise Edition 2003 工作界面

（6）可与 Microsoft Excel、Microsoft Word、Microsoft Access 和 Microsoft SQL Server 良好地集成，可以把业务过程和系统集成在一起。

（7）可以把 Visio 合并到功能强大的 Microsoft.NET 连接软件中，以满足特定的业务需求。

小　结

软件是计算机程序及其相关数据和文档。软件危机是指在计算机软件开发和维护时所遇到的一系列问题。

软件危机主要包含两个方面的问题：一是如何开发软件以满足对软件日益增长的需求；二是如何维护数量不断增长的已有软件。

软件工程是软件开发、运行、维护和退役的系统方法。软件工程是指导计算机软件开发和维护的学科。软件工程采用工程的概念、原理、技术和方法来开发和维护软件。软件工程的目标是实现软件的优质高产。

软件工程学的主要内容是软件开发技术和软件工程管理。

软件工程方法学是编制软件的系统方法，它确定软件开发的各个阶段，规定每一阶段的活动、产品、验收的步骤和完成准则。常用的软件工程方法有结构化方法、面向数据结构方法和面向对象方法等。

软件工程过程是为了获得高质量软件所需要完成的一系列任务的框架，规定了完成各项任务的工作步骤。软件过程定义了运用方法的顺序、应该交付的文档、开发软件的管理措施、各阶段任务完成的标志。软件过程必须科学、合理，才能获得高质量的软件产品。

软件产品从问题定义开始，经过开发、使用和维护，直到最后被淘汰的整个过程称为软件生命周期。

根据软件生产工程化的需要，其生命周期的划分有所不同，从而形成了不同的软件生命周期模型（Software Life Cycle Model），或称软件过程模型。项目 1 介绍了以下 4 种软件开发模型。

（1）瀑布模型：规范的、文档驱动的方法。开发阶段按顺序进行，适合于需求分析较明确、开发技术较成熟的情况。

（2）演化模型：从初始的原型逐步演化成最终软件产品的过程。演化模型特别适用于对软件需求缺乏准确认识的情况。

（3）螺旋模型：这种模型综合了瀑布模型和演化模型的优点，并增加了风险分析。

（4）喷泉模型：适用于面向对象方法。

实 验 实 训

1. 实训目的

（1）初步了解 Rational Rose、Microsoft Office Visio 两种软件的安装环境要求。

（2）掌握 Rational Rose 安装方法。

（3）掌握 Microsoft Office Visio 安装方法。

2. 实训要求

（1）Rational Rose 实验软件的获取：访问 ftp://www-306.ibm.com/Software/retional。

（2）Microsoft Office Visio 实验软件的获取：访问 Microsoft Visio 官方网址 http://office.microsoft.com/zh-cn/visio/default.aspx。

3. 实训项目

（1）安装 Rational Rose 2003。双击 Rational Rose 2003 的安装程序，进入安装向导界面，按向导提示操作即可。安装 Rational Rose 2003，在自定义安装过程中尽可能多地了解相关组件。

（2）安装 Microsoft Office Visio 2003。运行 Microsoft Office Visio 2003 安装光盘或双击其中的 SETUP.EXE 文件，进入安装向导界面，按提示操作即可。安装 Microsoft Office Visio 2003，安装类型选择"自定义安装"，在组件选择界面中尽可能多地了解相关组件。

习 题

1. 填空题

（1）软件是与计算机中硬件相互依存的部分，它是包括_____、_____及_____的完整集合。

（2）软件工程的目的是_____、_____和_____。

（3）软件工程过程通常包含 4 种基本的活动，分别是_____、_____、_____和_____。

(4) 无论是哪一种软件生命周期的划分方式，都应包括_____、_____、_____这三个阶段。

(5) 软件定义阶段通常可细分为三个子阶段：_____、_____、_____子阶段。

(6) 软件开发阶段由_____、_____、_____和_____4个子阶段组成。其中，_____和_____可统称为软件设计。

(7) 螺旋模型包含如下4个方面的活动，分别为_____、_____、_____和_____。

2．选择题

(1) 快速原型方法是用户和设计者之间的一种交互过程，适用于（　　）系统。
A．需求不确定性较高的　　　　　　B．需求确定的
C．管理信息　　　　　　　　　　　D．决策支持

(2) 从设计用户界面开始，首先形成（A），然后用户（B），就（C）提出意见。它是一种子（D）型的设计过程。
A．1．用户使用手册　2．系统界面原型　3．界面需求分析说明书　4．完善用户界面
B．1．阅读文档资料　2．改进界面的设计　3．模拟界面的运行　4．运行界面的原型
C．1．使用哪种编程语言　2．程序的结构成　3．同意什么和不同意什么　4．执行速度是否满足要求
D．1．自外向内　2．自底向上　3．自顶向下　4．自内向外

3．思考题

(1) 试举例说明软件产品与硬件产品的不同特点。
(2) 什么是软件危机？产生危机的原因是什么？怎样才可能消除软件危机？
(3) 编写程序与软件开发有什么根本差别？为什么？
(4) 软件工程的原则有哪些？试加以说明。
(5) 软件生命周期应划分为哪些阶段？每个阶段应解决什么问题？产生什么结果？
(6) 试比较几类不同的软件开发模型的优、缺点。

项目2 统一建模语言（UML）

软件工程领域在 1995—1997 年取得的最重要成果之一是统一建模语言（Unified Modeling Language，UML）。UML 是一种直观的、通用的可视化建模语言，在进行面向对象的分析和设计时，本书采用 UML 中规定图形符号来描述软件系统。

项目要点：
- 了解 UML 的概念、发展。
- 了解 UML 的应用领域。
- 掌握 UML 的主要内容。
- 掌握 UML 的构造块、规则和公共机制。
- 掌握 UML 的建模机制。

任务 2.1 UML 的概述

面向对象的分析与设计（OOA & D）方法的发展在 20 世纪 80 年代末至 90 年代中出现了一个高潮，UML 就是这个高潮的产物。它不仅统一了 Booch、Rumbaugh 和 Jacobson 的表示方法，而且对其做了进一步的发展，并最终统一为大众所接受的标准建模语言。

2.1.1 UML 的概念

UML 为英文词组"Unified Modeling Language"的缩写词，一般译为"统一建模语言"。统一建模语言是一种通用的可视化建模语言，用于对软件系统的制品（Artifact）进行规范化、可视化处理，然后构造它们并建立它们的文档。从企业信息系统到基于 Web 的分布式应用，甚至严格的实时嵌入式系统都适合于用 UML 进行建模。

UML 仅是一种语言，不是过程，也不是方法，但允许任何一种过程和方法使用它，而且最好将它用于用例驱动的、以体系结构为中心的增量式迭代开发过程中。

2.1.2 UML 的发展过程

面向对象建模语言出现于 20 世纪 70 年代中期。从 1989 年到 1994 年，其数量从不到 10 种增加到 50 多种。语言的创造者努力推崇自己的产品，并在实践中不断地完善。在 20 世纪 90 年代，一批新方法出现了，其中最引人注目的是 Booch93、OOSE 和 OMT-2 等。

Booch 是面向对象方法最早的倡导者之一，他提出了面向对象软件工程的概念。

1991 年，他将过去面向 Ada 的工作扩展到整个面向对象设计领域。

Rumbaugh 等人提出了面向对象的建模技术方法，采用了面向对象的概念，并引入各种独立于语言的表示符。

Jacobson 于 1994 年提出：OOSE 方法的最大特点是面向用例，并在用例的描述中引入了外部角色的概念。用例是精确描述需求的重要概念，它贯穿于整个开发过程，包括对系统的测试和验证。OOSE 比较适合支持商业工程的需求分析。

1994 年 10 月，Jim Rumbaugh 首先将 Booch93 和 OMT-2 统一起来，并于 1995 年 10 月发布了第一公开版本，称为统一方法 UM0.8（Unified-Method）。1995 年秋，OOSE 的创始人 Jacobson 加盟到这一工作中。经过 Booch、Rumbaugh 和 Jacobson 三人的共同努力，于 1996 年 6 月和 10 月分别发布了两个新的版本，即 UML0.9 和 UML0.91，并将 UM 命名为 UML。

2.1.3 UML 的主要内容

作为一种建模语言，UML 的定义包括 UML 语义和 UML 表示方法两个部分。

1. 精确的元模型定义

元模型为 UML 的所有元素在语法和语义上提供了简单、一致、通用的定义性说明，使开发者能在语义上取得一致，消除了因人而异的表达方法所造成的影响。此外，UML 还支持对元模型的扩展定义。

2. UML 表示法定义了 UML 的表示符

UML 表示法为建模者和建模支持工具的开发者提供了标准的图形符号和正文语法。这些图形符号和文字所表达的是应用级的模型，在语义上，它是 UML 元模型的实例。使用这些图形符号和正文语法可为系统建模建造标准的系统模型。

3. UML 采用的是一种图形表示法，是一种可视化的图形建模语言

UML 定义了建模语言的文法，例如，在类图中定义了类、关联、多重性等概念在模型中是如何表示的。传统上，人们只是对这些概念进行了非形式化的定义，特别是在不同的方法中，许多概念、术语和表示符号十分相似。

4. UML 提供 5 类图形

（1）用例图：从用户角度描述系统功能，并指出各功能的操作者。

（2）静态图（Static Diagram）：包括类图、对象图和包图。其中，类图描述系统中类的静态结构。不仅定义系统中的类，还表示类之间的联系，如关联、依赖、聚合等，也包括类的内部结构（类的属性和操作）。类图描述的是一种静态关系，在系统的整个生命周期都是有效的。对象图是类图的实例，几乎使用与类图完全相同的标志。它们的不同点在于对象图显示类的多个对象实例，而不是实际的类。一个对象图是类图的一个实例。由于对象存在生命周期，因此对象图只能在系统某一时间段存在。包图由包和类组成，表示包与包之间的关系。包图用于描述系统的分层结构。

（3）行为图（Behavior Diagram）：描述系统的动态模型和组成对象之间的交互关系，其中状态图描述类的对象所有可能的状态以及事件发生时状态的转移条件。通常，状态图是对类图的补充。实际上，并不需要为所有的类图画状态图，仅为那些有多个状态、其行为受外界环境的影响且发生改变的类画状态图。活动描述满足用例要求所要进行的活动以及活动之间的约束关系，有利于识别并行活动。

（4）交互图（Interactive Diagram）：描述对象之间的交互关系。其中，顺序图显示对象之间的动态合作关系，它强调对象之间消息发送的顺序，同时显示对象之间的交互；协作图描述对象的协作关系，协作图与顺序图相似，显示对象之间的动态合作关系。除信息显示交换外，协作图还显示对象以及它们之间的关系。如果强调时间和顺序，则使用顺序图；如果强调上下级关系，则选择协作图。这两种图合称为交互图。

（5）实现图（Implementation Diagram）：组件描述代码部件的物理结构及各部件之间的依赖关系。一个部件可能是一个资源代码部件、一个二进制部件或一个可执行部件。它包含逻辑类或实现类的有关信息。部件图有助于分析和理解部件之间的相互影响程度。

任务 2.2　UML 的概念模型

为了理解 UML，需要掌握 UML 的概念模型，学习三个要素：UML 的基本构造块、支配这些构造块如何放在一起的规则和一些运用于整个 UML 的机制。

2.2.1　UML 有三个基本的构造块（事物、关系、图）

事物是对模型中最具有代表性的成分的抽象，关系把事物组合在一起，图聚集了相关的事物。

1. UML 的事物

UML 中的事物有结构事物、行为事物、分组事物、注释事物。这些事物是 UML 模型中最基本的面向对象的构造块。用它们可以写出结构良好的模型。

1）结构事物

结构事物是 UML 中的名词，它们通常是模型中的静态部分，描述概念或物理元素。共有 7 种结构事物。

（1）类（Class）。类是一组具有相同属性、相同操作、相同关系和相同语义的对象的描述。一个类实现一个或多个接口。类在 UML 中被画为一个矩形，通常包括它的名字、属性和方法，如图 2-1（a）所示。

（2）接口（Interface）。接口描述了一个类或组件的一个服务的操作集。因此，接口描述元素的外部可见行为。一个接口可以描述一个类和组件的全部行为和部分行为。接口定义了一组操作的描述，而不是操作的实现。接口很少单独存在，而是通常依附于实现接口的类或组件。接口在 UML 中被画成一个带有名称的圆，如图 2-1（b）所示。

图 2-1　结构化事物

（3）协作（Collaboration）。协作定义了一个交互，它是由一组共同工作已提供某协作行为的角色和其他元素构成的一个群体，这些协作行为大于所有元素的各自行为的总和。因此，协作有结构、行为和维度。协作在 UML 中用一个虚线画的椭圆和它的名字来表示，如图 2-1（c）所示。

（4）用例（Use Case）。用例是用来描述系统对事件做出响应时所采取的行动。在模型中，它通常用来组织行为事物，它是通过协作来实现的。在 UML 中，用例画为一个实线椭圆，通常仅包含它的名称，如图 2-1（d）所示。

（5）主动类（Active Class）。它的对象至少拥有一个或多个进程或线程。主动类的对象代表的元素的行为和其他元素的行为是同时存在的，除此之外，主动类和类是一样的。在 UML 中，主动类的画法和类是一样的，不同的是边框用粗线条，如图 2-1（e）所示。

（6）组件（Component）。组件是系统中物理的可替换的部分，它提供一组接口实现。在一个系统中，可能会遇到不同种类的组件。在 UML 中，组件画成一个带有小方框的矩形，通常在矩形中只写该组件的名称，如图 2-1（f）所示。

（7）节点（Node）。节点是一个物理元素，它在运行时存在，代表一个可计算的资源，通常占用一些内存和具有处理能力。一个组件集合可以驻留在一个节点内，也可以从一个节点迁移到另一个节点。在 UML 中，节点画成一个立方体，通常在立方体中只写它的名称，如图 2-1（g）所示。

类、接口、协作、用例、主动类、组件和节点这 7 个元素是在 UML 模型中使用的最基本的结构化事物。前 5 种元素描述的是概念或逻辑事物，后两种描述的是物理事物，系统中还有基本元素的变化体，如角色、信号、进程和线程应用程序、文档、文件、库、表。

2）行为事物

行为事物是 UML 模型中的动态部分。它们是模型的动词，描述了跨越时间和空间的行为。总共有两种主要的行为事物。

（1）交互（Interaction）。交互是由一组对象之间在特定上下文中，为达到特定的目的进行的系列消息交换而组成的动作。一个对象群体的行为或单个操作的行为可以用一个交互来描述。在交互中，组成动作的对象的每个操作都要详细列出，包括消息、动作次序（消息产生的动作）、链（对象之间的连接）。在 UML 中，消息画成带箭头的直线，通常加上操作的名字，如图 2-2（a）所示。

（2）状态机（State Machine）。状态机描述了一个对象或交互在生命周期内响应事件所经历的状态序列。单个类或者一组类之间协作的行为也可以用状态机来描述。在状态机中要列出到其他的元素，包括状态、转换（一个状态到另一个状态的迁移）、事件和活动。在 UML 中，状态画成一个圆角矩形，如图 2-2（b）所示。

图 2-2　行为事物

3）分组事物

分组事物是 UML 模型中的组织部分，可以把它们看成是一些"盒子"，模型分解后放在这些"盒子"中。分组事物只有一个，称为包。

包（Package）。是一种将有组织的元素分组的机制。结构事物、行为事物，甚至其他的分组事物都有可能放在一个包中。与组件（存在与运行时）不同的是，包纯粹是一种概念上的东西，只存在于开发阶段。

包也有变体，如框架、子系统等。

在 UML 中，包画成一个左上角带有一个小矩形的大矩形，在矩形中有包的名字，有时包含内容，如图 2-3 所示。

4）注释事物

注释事物是 UML 模型的解释部分，用来描述、说明和标注模型中的元素。注释事物只有一种，称为注解。

注解（Note）依附于模型元素存在，对元素进行约束或解释。在 UML 中，注解画成一个右上角是折角的矩形。矩形中包含有文字或者图形解释，如图 2-4 所示。

图 2-3　包　　　　　　　　　　图 2-4　注解

2. UML 中的关系

关系是事物之间的联系。所有的系统都是由许多类和对象组成的，系统的行为由系统中对象之间的协作定义。关系提供了对象之间交互的通道。UML 中有 4 种关系：依赖、关联、泛化和实现。

1）依赖

依赖（Dependency）是一种使用关系，它说明一个事物的变化可能影响到使用它的另一个事物，但反之未必。在一般情况下，在类中用依赖表示一个类把另一个类作为它的操作的参数。有时，也可以在很多其他的事物之间建立依赖，特别是注解和包。

在 UML 中，依赖关系画成一条带箭头的虚线，箭头指向被依赖的事物，如图 2-5（a）所示。

2）关联

关联（Association）是类之间的一种连接关系，通常是一种双向关系。从语义角度来说，关联的类之间要求有一种手段使得它们彼此能够索引到对方，这种手段就是关联。

在 UML 中，关联关系画成一条连接相同类或不同类的实线，通常还包含名称、角色和多重性等，如图 2-5（b）所示。

3）泛化

泛化（Generalization）是一般事物（称为超类或父类）和该事物的较为特殊的种类（称为子类）之间的关系。也称为"is a of"关系。

在 UML 中，泛化关系画成一条带有空心大箭头的实线，箭头指向父类，如图 2-5（c）所示。

4）实现

实现（Realization）是规格说明和其实现之间的关系。规格说明描述了某种事物的结构和行为，但是不决定这些行为如何实现。实现提供了如何以高效的可计算的方式来实现这些行为的细节。实现是元素之间多对多的联系。

在 UML 中，实现关系画成一条带有空心大箭头的虚线，箭头指向提供规格说明的元素，如图 2-5（d）所示。

图 2-5　关系

3. UML 中的图

图是一组元素的图形表示，通常表示成由顶点（事物）和弧（关系）组成的连通图。图是对组成系统的元素的图形投影，不同的图形从不同的角度对系统进行观察建立模型。

UML 定义了 9 种图形：类图、对象图、用例图、顺序图、协作图、状态图、活动图、组件图和实施图。

2.2.2　UML 的规则

一个结构良好的模型应该在语义上是前后一致的，并且与所有的模型协调一致。
UML 中定义了一套规则用于描述事物的语义。UML 规则包括以下内容。
（1）命名：为事物、关系和图命名。
（2）范围：给一个名称以特定含义的语境。
（3）可见性：怎样让其他人使用或看见名称。
（4）完整性：事物如何正确、一致地相互联系。

2.2.3　UML 中的公共机制

在 UML 中，有 4 种公共机制贯穿整个语言，保证具有公共特征的模式的一致性，可以使模型更为简单和协调。这 4 种机制是规格说明、修饰、通用划分和扩展机制。

1. 规格说明

UML 的规格说明提供了对构造块的语法和语义的文字描述。实际上，UML 不只是一种图形语言，在它的图形表示法的每个部分都有一个规格说明，规格说明提供了一个语义底版，它包含了一个系统的各模型的所有部分，并且各部分相互联系，保持一致，而 UML 的图形不过是对底版的简单视觉投影。

2. 修饰

UML 中的大多数元素具有唯一的和直接的图形表示符号，这些图形符号对元素的最重要的方面提供了可视化表示，而元素的规格说明中包含的其他细节表示为图形或者文字修饰。

3. 通用划分

在面向对象系统建模中，存在以下两种划分方法。
（1）类和对象的划分。类是一个抽象，对象是类的一个实例。UML 的每个构造块几乎都存在像类/对象这样的二分法，例如用例和用例实例、关联和链等。
（2）接口和实现的分离。接口声明了一个契约，而实现则表示了对该契约的具体实施，它负责如实地实现接口的完整语义。UML 的每个构造块几乎都存在像接口/实现这样的二分法，如用例和实现它们的协作、操作和实现它们的方法。

4. 扩展机制

UML 的扩展机制包括以下 3 项。

（1）构造型：扩展了 UML 的词汇，允许从现有的构造块创造新的构造块。

（2）标记值：标记值扩展了 UML 构造块的特性，可以为元素增加新的特性。

（3）约束：约束扩展了构造块的语言，它允许增加新的规则或修改现有的规则。

任务 2.3　UML 的静态建模机制

任何一个系统都具有一定的静态结构，它描述系统的静态特性，同时它也是人们认识系统动态特征的基础。因此，任何一种建模语言都要提供描述系统静态结构的手段和方法，UML 也不例外。UML 的静态建模机制包括用例图、类图、对象图、包、组件图和配置图。其中，用例图主要用来描述系统的外部行为；类和对象图主要用来定义和描述类和对象以及它们的属性和操作；包则主要用来管理那些具有紧密关联的 UML 模型元素。

2.3.1　用例图

用例图主要用于对系统、子系统或类的行为进行建模。它主要说明系统实现功能，而不必说明如何实现。用例图表示了从系统的外部用户（参与者）的观点看系统应具有什么功能。每个用例图都包含三个方面内容：

（1）一组用例。

（2）参与者。

（3）参与者与系统中的用例之间的交互或者关系，包括关联关系、依赖关系和泛化关系。

1. 参与者

在 UML 规格文件中，参与者（Actor）的定义是：参与者是直接与系统相互作用的系统、子系统或类似外部实体的抽象。在 UML 用例图中，小人图符表示参与者，方框表示系统边界，如图 2-6 所示。从图中可以看出，参与者在系统之外。参与者是与系统交互或者使用系统的某个人或某个物，但它不是系统的一部分；它提供系统的输入并从系统接收相关信息；它在系统的外部并且不能控制用例。

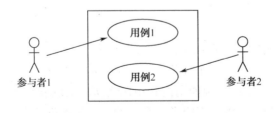

图 2-6　用例图

每个参与者定义了一个角色集合。通常，一个参与者可以代表一个人、一个计算机子系统、硬件设备或者时间等角色。参与者是用例图的一个重要组成部分，它往往是发现新的用例的基础，同时也是分析员与用户交流的起点。

如何识别参与者？通常我们要和系统的用户进行广泛而深入的交流，明确系统必须具备的主要功能，然后根据这项功能，为参与系统工作的用户分配主要责任等。为了识别出一个系统所牵涉的参与者，我们可以向用户提出以下问题：

（1）谁将使用系统的主要功能？
（2）谁将需要系统的支持来完成他们的日常任务？
（3）谁必须维护、管理和确保系统正常工作？
（4）谁将给系统提供信息、使用信息和删除信息？
（5）系统需要处理哪些硬件设备？
（6）系统使用了外部资源吗？
（7）系统需要与其他系统交互吗？
（8）谁或者什么对系统产生的结果感兴趣？
（9）一个人同时使用几种不同的规则吗？
（10）几个人使用相同的规则吗？
（11）系统使用遗留下来的应用吗？

对所有上述问题的回答涵盖了所有与系统有关联的用户。对这些用户的角色进行分析和分配，就可以得到当前正在开发的系统应当具有的参与者。

2. 用例（Use Case）

用例是对一组动作序列（其中包括变体）的描述，系统执行该组动作序列来为参与者产生一个可观察的结果。一个用例包含了一个参与者—用例对之间发生的所有事件，我们可以简单地将用例理解为外部用户（参与者）使用系统的某种特定的方法。用例是系统提供的功能块，它说明人们如何使用系统。用例具备如下一些特征：

（1）说明了系统具有的一种行为模式。
（2）说明了一个参与者与系统执行的一个相关的事务序列。
（3）提供了一种获取系统需求的方法。
（4）提供了一种与最终的用户和领域专家进行沟通的方法。
（5）提供了一种测试系统的方法。

如何识别正在开发的系统必须具备的用例呢？为了正确地回答这个问题，最好是对参与者的需求进行研究，并定义出参与者是怎样处理系统的。具体地讲，可以提出下面这几个问题，然后根据对这些问题的回答来确定用例。

（1）参与者要向系统请求什么功能？
（2）每个参与者的特定任务是什么？
（3）参与者需要读取、创建、撤销、修改或存储系统的某些信息吗？
（4）是否任何一个参与者都要求系统通知有关突发性的、外部的改变？或者必须通知参与者关于系统中发生的事件？
（5）这些事件代表了哪些功能？
（6）系统需要哪些输入/输出？

（7）这些输入/输出来自哪里或者到哪里去？
（8）哪些用例支持或维护系统？
（9）是否所有功能需求都被用例使用了？
（10）系统当前实现的主要问题是什么？

因为系统的全部需求通常不可能在一个用例体现出来，所以一个系统往往会有很多用例，即存在一个用例集。这些用例加在一起规定了所有使用系统的方法。用例可以有一个名字，它非正式地描述了参与者和对象之间的事件序列。

3．关系

1）关联关系

关联关系（Association）描述参与者与用例之间的通信关系。建立通信之后，信息可以双向流动。关系方向显示的不是信息的流动方向，而是谁启动信息。

例如：超市销售管理的用例图，参与者为店员（Clerk）、库存系统（Inventory Sys）、总账系统（Accounting Sys）。库存系统和总账系统是该系统之外的两个系统。店员要输入相应的商品信息，启动了和用例之间的通信，用例要改写库存系统和总账系统中的数据，启动了和子系统之间的通信。超市销售管理的用例图如图 2-7 所示。

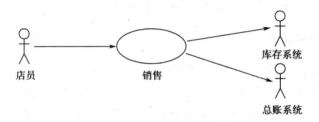

图 2-7　超市销售管理的用例图

2）依赖关系

依赖关系（Dependency）是存在于两个模型要素之间的一种关系，其中一个模型要素的改变将影响另一个模型要素。对于两个具有同级含义的模型要素，用依赖关系进行连接。通常，在类图上，一个依赖关系指明客户的操作激活提供者的操作。

除了状态图和对象图外，可以在任何一个模型图上对两个存在依赖关系的模型要素进行依赖性连接。例如，可以连接一个用例与另一个用例、一个包与另一个包，以及一个类与一个包。

在用例图中，存在如下两种依赖关系：

（1）两个用例之间的依赖关系。
（2）一个参与者和一个用例之间的依赖关系。

3）泛化关系

泛化关系（Generalization）一般表示类之间的继承关系。在 Use Case 图中，也可以表示用例之间的继承关系。在用例继承中，子用例可以从父用例继承行为和含义，还可以增加自己的行为。在任何父用例出现的地方，子用例也可以出现。

例如，在"超市销售管理系统"中，如果系统具有销售折扣商品和商品预售的功能，则在销售用例之上还有两个衍生的子用例：销售折扣和商品预售。用例的泛化关系如图 2-8 所示。

参与者也存在泛化关系。假如店员包括全职店员和兼职店员，则可以形成如图 2-9 所示的层次图。

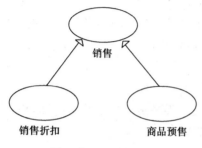
图 2-8　用例的泛化关系

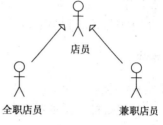
图 2-9　参与者之间的泛化关系

4）关系的扩展

上述三种关系还可以用构造型进行相应的扩展，扩展为如下三种关系。

（1）扩展关系。扩展关系（Extend）是一种构造型关系，它一般用于有条件地扩展已有用例的行为。扩展构造型可以放置在所有的关系上。然而，大多数扩展构造型都放置在依赖关系和关联关系上。扩展关系在系统分析和设计阶段很重要，因为它们表明了可选的功能或者系统行为。

（2）包含构造型。包含关系（Include）在 UML1.1 中为使用关系（Use），在 UML1.3 中改为包含关系（Include）。

包含关系是一种构造型关系，它将一个基用例连接到一个包含用例。包含关系规定基用例如何运用包含用例的行为。包含关系在系统分析与设计时也很重要，因为它们表达了包含用例功能被基用例的使用。

（3）精化关系。精化关系（Refine）是一种构造型关系，它在不同的语义层或者开发阶段连接两个或者多个模型要素。它表示了某些在一个特定的细节层次上规定的东西的更加全面的规格说明。例如，一个设计类就是一个分析类的一种精化。在一个精化关系中，源模型要素是一般的，在定义上更加概括；而目标模型要素更加具体并得到了进一步的精化。

2.3.2　类图

类图是用类和它们之间的关系描述系统的一种图示，是从静态角度表示系统的一种静态模型。类图是构建其他图的基础。在类图的基础上，状态图、协作图等进一步描述了系统其他方面的特性。

对于一个想要描述的系统，其类模型和对象模型解释了系统的结构。在 UML 中，类和对象模型分别由类图和对象图表示。类图技术是 OO 方法的核心。

1. 类

类是所有面向对象方法中最重要的概念。它是各种面向对象方法的基础，也是面向对象方法的目标。面向对象方法的最终目的是识别出所有必需的类，并分析这些类之间的关系，从而通过编程语言来实现这些类，最终实现整个系统。

类是对一组具有相同属性、相同行为、与其他对象有相同关系、有相同表现的对象的描述。类是对象的抽象。常见的类有人、汽车、公司等。

在 UML 中，类通常表示为矩形。类的描述包括名称、属性和操作三个部分（如图 2-10 所示）。带有类作用域和约束特性属性的类如图 2-11 所示。

1）名称

每个类都必须有一个名字，用来区分其他的类。类名是一个字符串，称为简单名字。给类命名时，最好能够反映类所代表的问题域中的概念。

2）属性

属性用来描述该类的对象所具有的特征。描述类的特征的属性可能很多，在系统建模时，我们只抽取那些系统中需要实用的特征作为该类的属性。换句话说，只关心那些"有用"的特征，通过这些特征就可以识别该类的对象。从系统处理的角度讲，可能被改变值的特征，才作为类的属性。如图 2-11 所示是类的一个示例。

图 2-10 类 　　　　图 2-11 带有类作用域和约束特性属性的类

类型表示该属性的种类。它可以是基本数据类型，例如整数、实数、布尔型等，也可以是用户自定义的类型。一般它由所涉及的程序设计语言确定。

属性有不同的可见性（Visibility）。利用可见性可以控制外部事物对类中属性的操作方式。属性的可见性有以下三种。

（1）公有属性（Public）：能够被系统中其他任何操作查看和使用，当然也可以被修改。

（2）私有属性（Private）：仅在类内部可见，只有类内部的操作才能存取该属性，并且该属性也不能被其子类使用。

（3）保护属性（Protected）：供类中的操作存取，并且该属性也能被其子类使用。

在 UML 中，这三种可见性分别表示为 "+"、"–"和"#"。每条属性可以包括属性的可见性、属性名称、类型、默认值和约束特殊性。UML 描述属性的语法格式为：

可见性 属性名：类型名 = 初值 {约束特性}

3）操作

操作描述对数据的具体处理方法。存取或改变属性值或执行某个动作都是操作，操作说明了该类能做些什么工作。操作通常又称为函数，这是类的一个组成部分，只能作用于该类的对象上。

一个类可以有多种操作，每种操作由操作名、参数表、返回值类型等几部分构成。标准语法格式为：

可见性 操作名（参数表）：返回值类型 {约束特性}

操作的可见性也分为公有和私有两种，其含义等同于属性的公有和私有可见性。

参数表由多个参数构成，参数的语法格式为：

参数名：参数类型名 = 默认值

其中默认值的含义是，如果调用该操作时没有为操作中的参数提供实在参数，那么系统就自动将参数定义式中的默认值赋给该参数。如图 2-12 所示为参数的默认值示例。

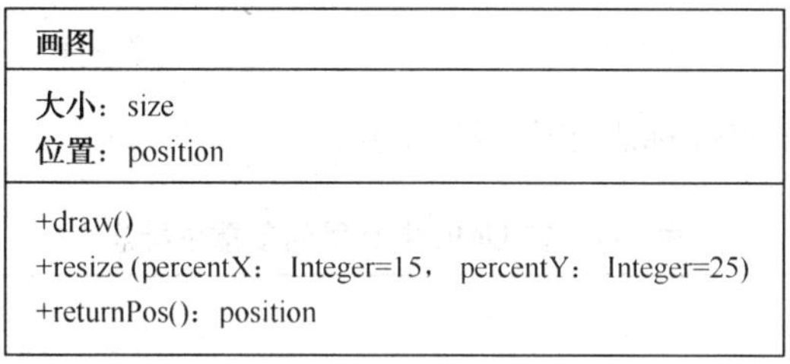

```
画图
─────────────────
大小：size
位置：position
─────────────────
+draw()
+resize (percentX: Integer=15, percentY: Integer=25)
+returnPos(): position
```

图 2-12　参数的默认值示例

2. 关联关系

1）关联

关联（Association）用于描述类与类之间的连接。由于对象是类的实例，因此，类与类之间的关联也就是其对象之间的关联。类与类之间有多种连接方式，每种连接的含义各不相同（语义上的连接），但因外部表示形式相似，故统称为关联。

关联关系一般都是双向的，即关联的对象双方彼此都能与对方通信。在 UML 中，关联用一条连接类的实线表示。

由于关联是双向的，可以在关联的一个方向上为关联起一个名字，而在另一个方向上起另一个名字（也可不起名字）。为了避免混淆，在名字的前面或后面带一个表示关联方向的黑三角，黑三角的尖角指明这个关联只能用在尖角所指的类上。

如果类与类之间的关联是单向的，则称为导航关联。导航关联采用实线箭头连接两个类，只有箭头所指的方向上才有这种关联关系。如图 2-13 所示，图中只表示某人可以拥有汽车，但汽车被人拥有的情况没有表示出来。

2）关联的命名

由于关联可以是双向的，最复杂的命名方法是每个方向上给出一个名字，这样的关联有两个名字,可以用小黑三角表示名字的方向。

3) 角色

关联两头的类以某种角色参与关联。如图 2-14 所示,"公司"以"雇主"的角色,"人"以"雇员"的角色参与的"工作合同"关联。"雇主"和"雇员"称为角色名,如果在关联上没有标出角色名,则隐含地用类的名称作为角色名。角色还具有多重性(Multiplicity),表示可以有多少个对象参与该关联。在图 2-14 中,雇主(公司)可以雇用(签工作合同)多个雇员,表示为"*";雇员只能与一家雇主签订工作合同,表示为"1"。多重性表示参与对象的数目的上下界限制。

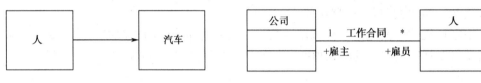

图 2-13 关联表示　　　　　　图 2-14 关联的角色

在 UML 中常用的多重性标志如表 2-1 所示。

表 2-1　在 UML 中常用的多重性标志

多　重　性	含　　义
n	多个
1	仅有一个
0..n	0 或者更多
1..n	一个或者更多
0..1	0 个或者 1 个
<number>	确定的个数,如 3 个 (3)
<number1>..<number2>	特定的范围,如 3~5 个 (3..5)
<number1>..<number2>, <number3>	特定的范围或者一个确定数字,如 3~8 个或者 9 个 (3..8, 9)
<number1>..<number2>, <number3>..<number2>	几个范围中的一个,如 3~6 个或者 5~9 个 (3..6, 5..9)

4) 关联类

一个关联可能要记录一些信息,可以引入一个关联类来记录。图 2-15 是在图 2-14 的基础上引入了关联类。关联类通过一条虚线与关联连接。

5) 聚集和组成

聚集(Aggregation)是一种特殊形式的关联,聚集表示类之间的关系是整体与部分的关系。一辆轿车包含 4 个车轮、一个方向盘、一个发动机和一个底盘,这是聚集的一个例子。在需求分析中,"包含"、"组成"、"分为……部分"等经常设计成聚集关系。

聚合图示方式为在表示关联关系的直线末端加一个空心菱形,空心菱形紧挨着具有整体性质的类。在聚合关系中可以出现重数、角色和限定词,也可以给聚合关系命名。在如

图 2-16（a）所示的关系中，空军由许多飞机组成。

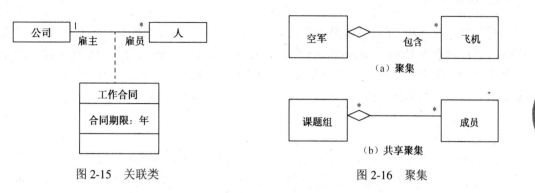

图 2-15　关联类　　　　　　　　　　图 2-16　聚集

聚集可以进一步划分成共享聚集和组成，如课题组包括许多成员，但每个成员又可以是另一个课题组的成员，部分可以参加多个整体，称为共享聚集，如图 2-16（b）所示。另一种情况是整体拥有部分，部分与整体共享，如果整体不存在了，则部分也会随之消失，这称为组成。例如，旅客列车由火车头及和若干个车厢组成，车厢分为软席、硬席、软席卧铺和硬席卧铺 4 种，如果列车不存在，则不会组成该列车的火车头及和若干个车厢。组成如图 2-17 所示。

在 UML 中，聚集表示为空心菱形，组成表示为实心菱形。

3. 泛化

泛化被定义为一个抽象级别上更一般的元素和一个更具体的元素之间的类属关系，并且该更具体的元素与更一般的元素在外部行为上保持一致，而且还包含一些附加的消息。同时，更具体的类的实例可以替换所有更一般的类的实例在所有的场合的出现。

通过特化（或具体化），可以往一个更一般的类中增加一些元素（属性或操作），或者更具体地解释某个元素（如操作），从而得到一个更具体的类。

通常，称更一般的类为父类（超类），更具体的类称为子类，二者之间的关系称为继承。

通常，子类和超类之间具有一种"is a"的关系，如"汽车是一种交通工具"。

交通工具是汽车的超类，所有有关交通工具的性质，汽车都具有。

在 UML 中，泛化表示成一头为空心三角形的连线，如图 2-18 所示。

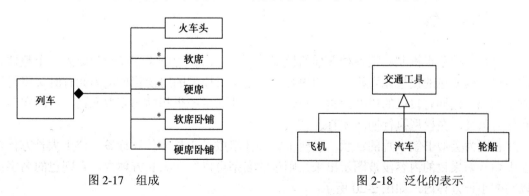

图 2-17　组成　　　　　　　　　　图 2-18　泛化的表示

4. 依赖关系

有两个元素（X、Y）。如果修改元素 X 的定义可能会引起对另一个元素 Y 的定义的修改，则称元素 Y 依赖（Dependency）于元素 X。在类中，依赖由各种原因引起，例如，一个类向另一个类发消息；一个类是另一个类的数据成员，一个类是另一个类的某个操作参数。如果一个类的界面改变，则它发出的任何消息可能不再合法。

5. 约束

在 UML 中，可以用约束（Constraint）表示规则。约束是放在括号"｛｝"中的一个表达式，表示一个永真的逻辑陈述。在程序设计语言中，约束可以由断言（Assertion）来实现。

2.3.3 对象图

对象图是表示在某一时刻类的具体实例和这些实例之间的具体连接关系。由于对象是类的实例，所以 UML 对象图中的概念与类图中的概念完全一致，对象图可以看做类图的示例，帮助人们理解一个比较复杂的类图，对象图也可用于显示类图中的对象在某一点的连接关系。

对象是类的实例，对象之间的链（Link）是类之间的关联的实例。在 UML 中，对象与类的图形表示相似，链的图形表示与关联相似。对象图常用于表示复杂的类图的一个实例。图 2-19 给出了一个类图和一个对象图，其中对象图是类图的示例。

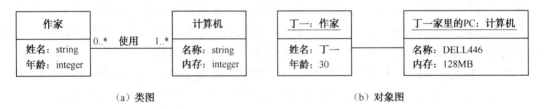

图 2-19 类图和对象图

2.3.4 包

包是一种分组机制，把各种各样的模型元素通过内在的语义连在一起成为一个整体就称为包。构成包的模型元素称为包的内容。常用于对模型的组织管理，因此有时又将包称为子系统。包拥有自己的模型元素，与包之间不能共用一个相同的模型元素。包的实例没有任何语义，在模型执行期间才有意义。

包图为类似书签卡片的形状，由两个长方体组成，小长方体（标签）位于大长方体的左上角。如果包的内容没被图示出来，则包的名字可以写在大长方体内，否则包的名字可以写在小长方体内，如图 2-20 所示。

包能够引用来自其他包的模型元素，一个包从另一个包中引用模型元素时，两个包之间就建立了关系。包之间允许建立的关系有依赖、精化和泛化,包的依赖关系如图2-21所示。

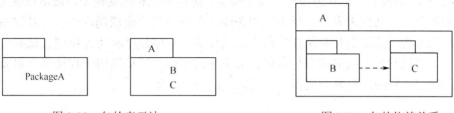

图 2-20　包的表示法　　　　　图 2-21　包的依赖关系

不仅是类,任何模型元素都运用包的机制。如果没有任何启发性原则来指导类的分组,分组方法就是任意的。在 UML 中,最有用的和强调最多的启发性原则就是依赖。包图主要显示类的包以及这些包之间的依赖关系。有时还显示包和包之间的继承关系和组成关系。

2.3.5　使用类图的几个建议

类图几乎是所有 OO 方法的支柱。采用统一建模语言(UML)进行建模时,必须对 UML 类图引入的各种要素有清晰的理解。以下对使用类图进行建模提出几点建议。

1. 不要试图使用所有的符号

从简单的开始,例如,类、关联、属性和继承等概念。在 UML 中,有些符号仅用于特殊的场合和方法中,只有当需要时才使用。

2. 根据项目开发的不同阶段,用正确的观点来画类图

当处于分析阶段时,应画概念层类图;当开始着手软件设计时,应画说明层类图;当考察某个特定的实现技术时,应画实现层类图。

3. 不要为每个事物都画一个模型,应该把精力放在关键的领域

最好只画几张较为关键的图,经常使用并不断更新修改。使用类图的最大危险是过早地陷入实现细节。为了避免这一危险,应该将重点放在概念层和说明层。如果已经遇到了一些麻烦,可以从以下几个方面来反思你的模型:

(1)模型是否真实地反映了研究领域的实际?

(2)模型和模型中的元素是否有清楚的目的和职责(在面向对象方法中,系统功能最终是分配到每个类的操作上实现的,这个机制称为职责分配)?

(3)模型和模型元素的大小是否适中?过于复杂的模型和模型元素是很难生存的,应将其分解成几个相互合作的部分。

任务 2.4　UML 的动态建模机制

从系统模型的角度而言,静态模型定义并描述了系统的结构和组成。任何实际的系统都是活动的,都通过系统元素之间的"互动"来达到系统目的。动态模型的任务就是定义并描述系统结构元素的动态特征及行为。

UML 的动态模型包括状态模型、顺序模型、协作模型和活动模型，通常以状态图、顺序图、协作图和活动图来表示。状态模型关注一个对象的生命周期内的状态及状态变迁，以及引起状态变迁的事物和对象在状态中的动作等。顺序模型和协作模型强调对象之间的合作关系，通过对象之间的消息传递以完成系统的用例。活动图用于描述多个对象在交互时采取的活动，它关注对象如何相互活动以完成一个事务。

2.4.1 对象之间的交互

在任何一个系统中，对象都不是孤立存在的，它们之间通过传递消息进行交互。什么是消息？它不是人们日常生活中的消息的概念，因为消息是在通信协议中发送的。通常情况下，当一个对象调用另一个对象中的操作时，消息通过一个简单的操作调用来实现：当操作执行完成时，控制和执行结果返回给调用者。消息也可能是通过一些通信机制在网络上或一台计算机内部发送的真正的报文。UML 的所有动态模型都是采用消息机制来进行对象的交互的。

在 UML 中，消息的图形表示是用带箭头的线段将消息的发送者和接收者联系起来，箭头的类型表示消息的类型。UML 定义的消息类型有 4 种，如图 2-22 所示。

1. 简单消息

简单消息表示简单的控制流。用于描述控制如何在对象之间进行传递，而不考虑通信的细节。

2. 同步消息

同步消息表示嵌套的控制流。操作的调用是一种典型的同步消息。调用者发出消息后必须等待消息返回，只有当处理消息的操作执行完毕后，调用者才可继续执行自己的操作。

3. 异步消息

异步消息表示异步控制流。当调用者发出消息后，不用等待消息的返回即可继续执行自己的操作。异步消息主要用于描述系统中的并发行为。

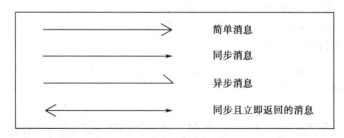

图 2-22　消息类型

4. 同步且立即返回消息

同步且立即返回消息是同步消息和简单消息的叠加，也就是操作调用一旦完成就立即返回。

2.4.2 状态图

状态图（State Diagram）主要用来描述对象、子系统、系统的生命周期。通过状态图可以了解到一个对象所能到达的所有状态以及对象收到的事件（收到消息、超时、错误、条件满足）时，其状态的变化情况。大多数面向对象技术都用状态图表示单个对象在其生命周期的行为。一个状态图包括一系列的状态以及状态之间的转移。

1. 状态和转移

状态是一种存在状况，它具有一定的时间稳定性，即在一段有限时间内保持对象（或）系统的外在情况和内在特性的相对稳定。一个对象在它的生命期内通常有多个状态存在，随着时间的推移和外部事件的激励，对象的状态将发生变化。

所有对象都具有状态。状态具有两种含义：一是对象的外在状况，如电视的开与关，汽车的行驶与停止等；二是对象的内在特性，即对象的属性，如电视机对象中的"开关"属性的值。对象的外在状况是其内在特性所确定的。

对象的属性可称为状态变量，所有属性构成状态变量集合，而状态由状态变量子集决定。

在 UML 中，状态用一个圆角的矩形表示。对象在它的生命周期中有两个特殊的状态：第一个是初态，表示状态图的默认开始位置；第二个是终态，表示状态图的终点。初态用一个实心的圆表示，终态用一个内部含有一个实心圆的圆圈表示。一个状态图只能有一个初态，而终态则可以有多个。发票的状态图如图 2-23 所示。

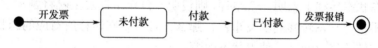

图 2-23　发票的状态图

从图 2-23 中可以看出，发票具有两个状态："未付款"状态和"已付款"状态。当某人付了款以后，发票对象的状态由"未付款"转移到"已付款"。状态之间的连接称为状态迁移。

发票状态图表明发票的状态变化是直线式的，即由开始、未付款、已付款到结束。还有一种循环式的状态变化，对象在几个状态之间不停往复地迁移。如图 2-24 所示为拨打电话状态图。

一个状态一般包含三个部分：状态名称、可选的状态变量的变量名、变量值和可选的活动表，如图 2-25 所示。

其中，状态变量是指对象处在该状态下需要访问或更新的与该状态下可能采取的动作和可能发生的状态转移紧密相关的变量。这个变量可以是对象的一个属性（或属性组合），也可以是临时变量。活动通常可以归纳为：进入状态的活动、退出状态的活动和处于状态中的活动。在 UML 中，活动部分的语法格式为：

事件名参数表'/'动作表达式

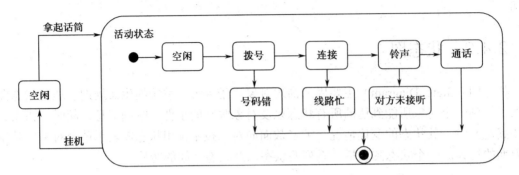

图 2-24　拨打电话状态图

其中，事件名可以是任何事件，包括 entry、exit 和 do，它们分别表示进入状态的事件、离开状态的事件、处于状态中的事件。参数表指明事件的参数，动作表达式指明相应于该事件对象所采取的动作。如图 2-26 所示，注册状态中所示的活动，其中 help 活动是用户自定义的。

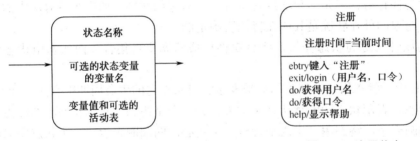

图 2-25　状态的三个组成部分　　　　　　图 2-26　注册状态

如果我们在状态转移上表明一个事件，则说明一旦该事件发生就将触发这个状态转移。但是，也可以不指明状态转移的触发事件，那么一旦该状态转移所对应的源状态中有内部活动执行，状态转移将自动触发使得状态改变。

转移是两个状态之间的关系，一个转移由 5 个部分组成。

（1）源状态：即受转移影响的状态；如果一个对象处于源状态，当该对象接收到转移的触发事件时或满足监护条件时，就会激活状态。

（2）事件触发：源状态中的对象接收这个事件使转移合法地激活，并使监护条件满足。

（3）监护条件：是一个布尔表达式，当转移因事件触发器的接收而被触发时，对这个布尔表达式求值；如果表达式值为真，则激活转移；如果为假，则不激活转移；如果没有其他的转移被此事件触发，则事件丢失。

（4）动作：是一个可执行的原子计算，它可以直接作用于对象。

（5）目标状态：转移完成后的对象状态。

2. 事件

事件指的是发生的且引起某些动作执行的事情。

例如，当你按下 CD 机上的【Play】按钮时，CD 机开始播放（假定 CD 机的电源已接通，已装入 CD 盘且 CD 机是好的）。

在此例子中，"按下【Play】按钮"就是事件，而事件引起的动作是"开始播放"。当事件和动作之间存在着某种必然关系时，我们将这种关系称为"因果关系"，将这种事件称为状态转移事件。

UML 事件定义了以下 4 种可能事件。

（1）条件变为真事件，如监护条件变为真值。

（2）来自其他对象的明确信号。这也是一种事件，可以称为消息，这种信号本身就是一个对象。

（3）来自其他事件对象（或自身）的服务请求（操作调用）。这种事件也可以称为消息。

（4）定时事件。

UML 规定，事件不能存储，它具有时间有效性。

3. 子状态

状态图中存在某些状态，它们一方面可能在执行一系列动作，另一方面可能要响应一些事件。这时，可以进一步分解状态，得到子状态图，用以描述一个状态的内部状态变化过程。无论对象处于哪个子状态，外部表现出来的仍然是同一个状态。

例如，一个处于行驶状态的汽车，在"行驶"这个状态中有向前和向后两个不同的子状态。在某个时刻，汽车对象只能处于两种子状态中的一种，具备这种性质的子状态称为"或子状态"，如图 2-27 所示。与其相对应的是一种"与子状态"，与子状态是一种并发的子状态，如图 2-28 所示。具有并发子状态的状态图称为并发状态图。

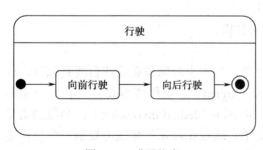

图 2-27 或子状态

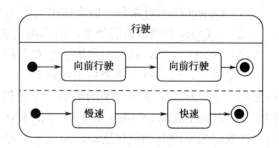

图 2-28 并发的子状态

4. 历史指示器

历史指示器被用来存储内部状态。例如，如果对象处于某一状态，经过一段时间后可能会返回到该状态，则可以用历史指示器来保存该状态。如果到历史指示器的状态转移被激活，则对象恢复到该区域内的原始状态。历史指示器用在空心圆中放一个"H"来表示。可以有多个指向历史指示器的状态转移，但没有从历史指示器开始的状态转移。

2.4.3 交互图

交互图显示一个交互，有一组对象和他们之间的关系构成，其中包括：需要什么对象；对象相互发送什么消息；什么角色启动消息；消息按什么顺序发送。

交互图分为两种：顺序图和协作图。顺序图强调消息时间顺序；协作图强调接收和发送消息的对象的组织结构。

1．顺序图

顺序图用来描述对象之间的交互关系，着重体现对象之间消息传递的时间顺序。顺序图具备了时间顺序概念，从而可以清晰地表示对象在其生命周期的某一时刻的动态行为。

在图形上，顺序图是二维表，其中显示的对象沿 X 轴排列，Y 轴方向表示对象的生命周期，因而可看成是时间轴。对象之间的通信通过在对象的生命线之间画消息来表示。消息的箭头指明消息的类型。顺序图如图 2-29 所示。

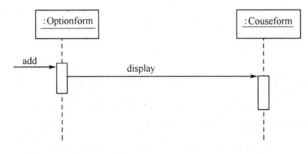

图 2-29　顺序图

在 UML 中，对象用矩形表示，对象的名字用带下画线的单词表示，即 Object：Class。其中，Object 指明对象，Class 定义 Object 的类型。通常采用以下三种形式。

（1）<u>Object</u> 注明对象名，但未指出它的类型。
（2）<u>：Class</u> 指明对象的类型，但未指出它的名称。
（3）<u>Object：Class</u> 指明对象的类型和名称。

一个对象可以通过发送消息来创建另一个对象，当一个对象被删除或自我删除时，该对象用"×"标志。顺序图中的消息可以是信号（Signal）、操作调用或类似于 C++中的 RPC（Remote Produce Calls）和 Java 中的 RMI（Remote Method Invocation）。当收到消息时，接收对象立即开始执行活动，即对象被激活了。通过在对象生命线上显示一个细长矩形框来表示激活。每一条消息可以有一个说明，内容包括名称和参数。

消息也可带有序号，但较少使用。

消息还可带有条件表达式，表示分支或决定是否发送消息。如果用于表示分支，则每个分支是相互排斥的，即在某一时刻仅可发送分支中的一个消息。

在顺序图的左边可以有说明信息，用于说明信息发送的时刻、描述动作的执行情况以及约束信息等。一个典型的例子就是用于说明一个消息是重复发送的。另外，可以定义两个消息间的时间限制。

另外,在很多算法中,递归是一种很重要的技术。当一个操作直接或间接调用自身时,即发生了递归。产生递归的消息总是同步消息,返回消息应是一个简单消息。

2. 协作图

协作图(Collaboration Diagram)用于描述相互合作的对象之间的交互关系和链接关系。虽然顺序图和协作图都用来描述对象间的交互关系,但侧重点却不一样。顺序图着重体现交互的时间顺序,协作图则着重体现交互对象之间的静态链接关系。协作图如图 2-30 所示。

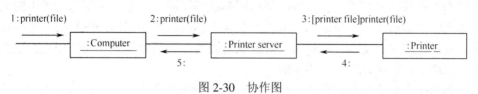

图 2-30　协作图

1)链接

协作图中的对象之间的关系首先是一种链接关系,这种关系可以是链接关系,也可以是消息连接关系。链接可以用于表示对象之间的各种关系,包括组成关系的链接(Composition Link)、聚集关系的链接(Aggregation Link)、限定关系的链接(Qualified Link)以及导航链接(Navigation Link)。各种链接关系与类图中的定义相同,在链接的端点位置可以显示对象的角色名和模板信息。

一个服务器对象与一个客户对象具有链接关系,一个服务器对象与一个客户对象具有链接关系,其中服务器对象的职责是服务器,客户机向服务器发出一个同步请求后,等待服务器的回答。因此,在图 2-31 中,客户对象与服务器对象之间的连接关系是链接和消息连接。带链接的协作图如图 2-31 所示。

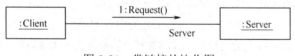

图 2-31　带链接的协作图

2)消息流

在协作图的连接线上,可以用带有消息串的消息来描述对象之间的交互。消息的箭头指明消息的流动方向。消息串说明要发送的消息、消息的参数、消息的返回值以及消息的序列号等信息。

3)对象生命周期

在协作图中,对象的外观与顺序图中的一样。如果一个对象在消息的交互中被创建,则可在对象名称之后标以{new}。类似地,如果一个对象在交互期间被删除,则可在对象名称之后标以{destroy}。

2.4.4 活动图

活动图（Activity Diagram）显示动作及其结果。活动图着重描述操作实现中所完成的工作以及用例实例或对象中的活动。活动图是状态图的一个变种，与状态图有一些小的差别，活动图的主要目的是描述动作（执行的工作和活动）及对象状态改变的结果。当状态中的动作被执行（不像正常的状态图，它不需要指定任何事件）时，活动图中的状态（称为动作状态）直接转移到下一个阶段。活动图和状态图的另一个区别是活动图中的动作可以放在泳道中，泳道聚合一组活动，并指定负责人和所属组织。活动图是另一种描述交互的方式，描述采取何种动作、做什么（对象状态改变）、何时发生（动作序列）以及在何处发生（泳道）。它可以用于下述目的：

（1）描述一个操作执行过程中（操作实现的实例化）所完成的工作（动作）。这是活动图的最常见用途。

（2）描述对象内部的工作。

（3）显示如何执行一组相关的动作，以及这些动作如何影响它们周围的对象。

（4）显示用例的实例如何执行动作以及如何改变对象状态。

（5）说明一次商务活动中的工人（角色）、工作流、组织和对象是如何工作的。

1. 活动和转移

一项操作可以描述为一系列相关的活动。活动仅有一个起点，但可以有多个结束点。活动之间的转移允许带有 guard-condition、send-clause 和 action-expression，其语法与状态图中定义的相同。一个活动可以顺序地跟在另一个活动之后，这是简单的顺序关系。如果在活动图中使用一个菱形的判断标志，则可以表达条件关系，判断标志可以有多个输入和输出转移，但在活动的运行中仅触发其中的一个输出转移。

活动图对表示并发行为也很有用。在活动图中，使用一个称为同步条的水平粗线可以将一条转移分为多个并发执行的分支，或将多个转移合为一条转移。此时，只有在输入的转移全部有效时，同步条才会触发转移，进而执行后面的活动。

2. 泳道

活动图告诉你发生了什么，但没有告诉你该项活动由谁来完成。在程序设计中，这意味着活动图没有描述出各个活动由哪个类来完成。泳道解决了这个问题，它将活动图的逻辑描述与顺序图、协作图的责任描述结合起来。如图 2-32 所示，泳道用矩形框来表示，属于某个泳道的活动放在该矩形框内，将对象名放在矩形框的顶部，表示泳道中的活动由该对象负责。

3. 对象

对象可以在活动图中显示。对象可以作为动作的输入或输出，或简单地表示指定动作为对象的影响。对象用对象矩形符号来表示，在矩形的内部有对象名或类名。当一个对象是一个动作的输入时，用一个从对象指向动作的虚线箭头来表示；当对象是一个动作的输出时,用一个动作指向对象的虚线箭头来表示。当表示一个动作对一个对象有影响时,只需用一条对象与动作之间的虚线来表示。作为一个可选项,可以将对象的状态用中括号括起来放在类的下面。

4. 信号

在活动图中可以表示信号的发送与接收。有两个与信号有关的符号:一个表示发送信号,另一个表示接收信号。接收符号是一个一边凹陷的矩形,而发送符号是一个一边凸起的矩形。这两个符号共同表示一个信号,信号名称可以在发送或接收信号框中写出来。信号发送的过程用一条带方向的虚线表示,从发送符号的尖端到接收符号的凹顶端,如图 2-33 所示。

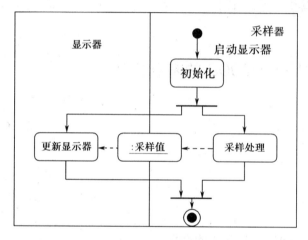

图 2-32　带有泳道和对象表并发的活动图

图 2-33　信号符号

2.4.5　4 种图的运用

上面对 UML 中用于描述系统动态行为的 4 个图(状态图、顺序图、协作图和活动图)做了简单的介绍。这 4 个图均可用于系统的动态建模,但它们各自的侧重点不同,分别用于不同的目的。下面对如何正确使用这 4 个图做一个简单的总结,在实际的建模过程中要根据具体情况进行灵活运用。

首先,不要对系统中的每个类都画状态图。尽管这样做很完美,但太浪费精力,其实你可能只关心某些类的行为。正确的做法是:为帮助理解类而画它的状态图。状态图描述跨越多个用例的单个对象的行为,而不适合描述多个对象之间的行为合作。为此,常将状态图与其他技术(如顺序图、协作图和活动图)组合使用。

顺序图和协作图适合描述单个用例中几个对象的行为。其中,顺序图突出对象之间交互的顺序,而协作图的布局方法能更清楚地表示出对象之间的静态连接关系。当行为较为简单时,顺序图和协作图是最好的选择。但当行为比较复杂时,这两个图将失去其清晰度。因此,如果想显示跨越多用例或多线程的复杂行为,可考虑使用活动图。另外,顺序图和协作图仅适合描述对象之间的合作关系,而不适合对行为进行精确定义。如果想描述跨越多个用例的单个对象的行为,应当使用状态图。

小 结

UML(统一建模语言)是面向对象方法使用的标准建模语言。常用的 UML 图有 9 种:用例图、类图、对象图、状态图、顺序图、协作图、活动图、构件图、部署图。包也称为子系统,由类图或另外一个包构成,表示包与包之间的依赖、细化、泛化等关系。包通常用于模型的管理。UML 是一种有力软件开发工具,它不仅可以用来在软件开发过程中对系统的各个方面建模,还可以用在许多工程领域。

实 验 实 训

实训一 Microsoft Office Visio 2003 的基础操作

1. 实训目的

(1)熟悉 Visio 2003 的工作界面。
(2)掌握 Visio 2003 的基本操作方法。

2. 实训内容

(1)启动 Visio 2003,设置工作环境并进行文件相关的操作。
(2)完成实训报告。

3. 操作步骤

Visio 2003 是菜单驱动式的应用程序,可以通过工具栏使用其常用工具。它的界面分两个部分:图元选择区和绘图区,如图 2-34 所示。图元选择区提供了用于绘制图形所需的图元,绘图区是绘制图形的工作区域。

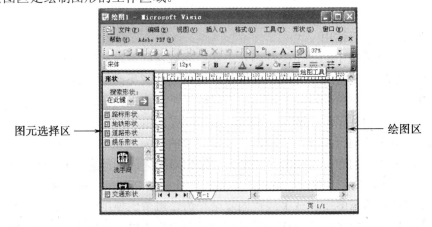

图 2-34 Visio 2003 的工作界面

启动 Visio 2003 并进行文件操作的步骤如下。

(1) 选择【开始】|【程序】|【Microsoft Office】|【Microsoft Office Visio 2003】命令启动 Visio 2003。启动 Visio 2003 后的界面如图 2-35 所示。

图 2-35　启动 Visio 2003 后的界面

(2) 选择软件提供的某个模板，假设需要绘制系统流程图，选择流程图中的基本流程图，出现如图 2-36 所示的工作界面。

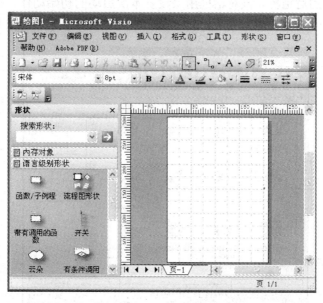

图 2-36　工作界面

(3) 选择【文件】|【保存】命令可以把文件保存在指定位置。如果选择【另存为】命

令,则把当前文件保存为新命名文件。

实训二 Rational Rose 的基础操作

1. 实训目的

(1) 熟悉 Rational Rose 2003 的操作界面。
(2) 掌握 Rational Rose 2003 的基本操作方法。

2. 实训内容

(1) 启动 Rational Rose 2003,设置工作环境并进行文件相关的操作。
(2) 完成实训报告。

3. 操作步骤

Rational Rose 是菜单驱动式的应用程序,可以通过工具栏使用其常用工具。它的界面分 3 个部分:Browser 窗口、Diagram 窗口和 Document 窗口。Browser 窗口用来浏览、创建、删除和修改模型中的模型元素,Diagram 窗口用来显示和绘制模型的各种图,Document 窗口用来显示和书写各个模型元素的文档注释。

1)启动 Rational Rose

(1) 启动 Rational Rose 的步骤如下。

选择【开始】|【程序】|【Rational Software】|【Rational Rose Enterprise Edition】命令,弹出如图 2-37 所示的对话框。该对话框用来设置本次启动的初始动作,共有 New(新建模型)、Existing(打开现有模型)和 Recent(最近打开的模型)3 个选项卡。

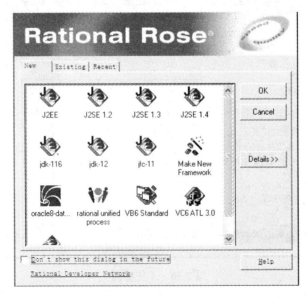

图 2-37 "Rational Rose 启动"对话框

（2）在【New】选项卡下有多种软件开发架构，假设该系统的开发基于 J2EE 平台，首先选中【J2EE】图标，单击【OK】按钮，出现如图 2-38 所示的 Rational Rose 主界面。

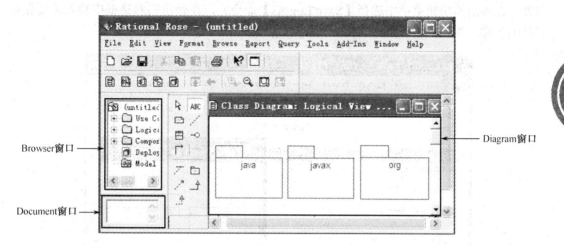

图 2-38　Rational Rose 主界面

Rational Rose 主界面由标题栏、菜单栏、工具栏、工作区和状态栏组成。默认的工作区分 3 个部分，分别是 Browser 窗口、Diagram 窗口和 Document 窗口。

2）保存和发布 Rational Rose 文件

Rational Rose 文件的保存类似于其他应用程序，可以通过菜单和工具栏实现。

（1）保存模型文件的方法如下。

如图 2-39 所示，选择【File】|【Save】命令（或者单击工具栏上的【Save】按钮），在弹出的对话框中输入需要保存文件的名称，本例中将文件命名为 Library.mdl。

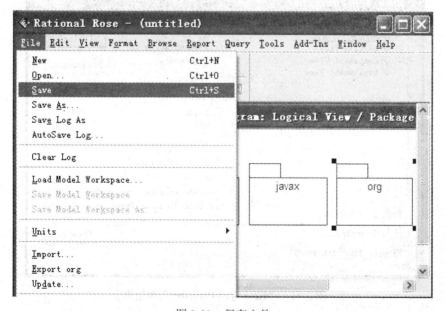

图 2-39　保存文件

（2）保存日志文件的方法如下。

如图 2-40 所示，选择【File】|【Save Log As】命令（或者用鼠标右键单击日志窗口空白处，在弹出的快捷菜单中选择【Save Log As】命令），在弹出的对话框中输入需要保存文件的名称，本例中将日志命名为 Library.Log。

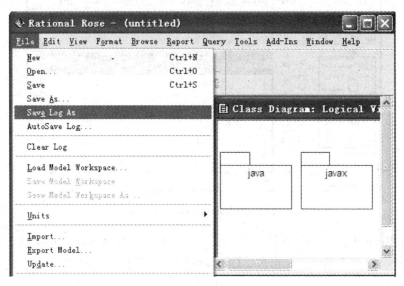

图 2-40　保存日志文件

（3）发布 Rational Rose 模型的方法如下。

① 选择【Tools】|【Web Publisher】命令，弹出如图 2-41 所示的对话框，在其中选择要发布的模型视图和包。

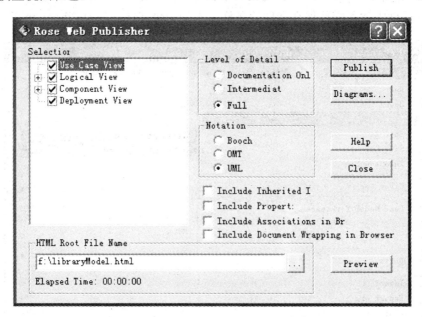

图 2-41　"Rose Web Publisher" 对话框

② 单击【Publish】按钮后，开始自动生成模型发布文件。

③ 在指定的发布文件夹中生成如图 2-42 所示的文件及文件夹。

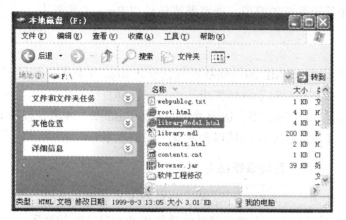

图 2-42 发布后所生成文件及文件夹

④ 要查看发布后的模型,可单击生成的文件 LibraryModel.html,其显示内容如图 2-43 所示。模型文件发布后,可以通过浏览器来查看整个系统的建模情况而不需要使用 Rational Rose,这种的 Web 发布方式使更多人能更方便地浏览模型。

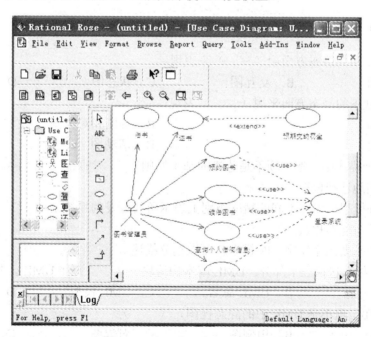

图 2-43 在浏览器中查看用例图

实训三 学生管理系统练习

1. 实训目的

(1) 初步了解 UML 语言的概念、结构、语义与表示方法。

（2）掌握 UML 建模工具 Rational Rose 的使用方法。

（3）给出某个简单系统的模型，能够熟练地使用 Rose 工具表达。

2. 实训要求

（1）由指导教师讲解 UML 的一些基本概念及其 Rose 工具的一般使用方法；因时间关系，故略去需求分析环节。对于具体需求，由指导教师直接提出。

（2）定义出顶层 Use Case 图、选课管理的 Use Case 图、成绩管理的 Use Case 图。要求学生通过分析，更加明确系统功能以及对象之间的联系。

3. 实训项目——学生管理系统练习

（1）画出学生成绩管理的 Use Case 图、学籍变更管理的 Use Case 图、奖罚管理的 Use Case 图。要求学生通过分析，更加明确系统功能以及对象之间的联系。

（2）画出 UML 类图与顺序图。

习 题

1. 选择题

（1）用例试图的静态方面由（　　）来表现。

A．用例图　　　　B．交互图　　　　C．状态图　　　　D．活动图

（2）设计视图的静态方面采用（　　）表现。

A．交互图　　　　　　　　　　　　B．类图和对象图

C．状态图　　　　　　　　　　　　D．活动图

（3）在下列描述中，哪一项不是建模的基本原则？（　　）

A．要仔细地选择模型

B．每一种模型可以在不同的精度级别上表示所要开发的系统

C．模型要与现实相联系

D．对一个重要的系统用一个模型就可以充分描述

（4）UML 体系包括三个部分：UML 基本构造块、（　　）和 UML 公共机制。

A．UML 规则　　　B．UML 命名　　　C．UML 模型　　　D．UML 约束

（5）下面哪一项不是 UML 中的静态视图？（　　）

A．状态图　　　　B．用例图　　　　C．对象图　　　　D．类图

2. 填空题

（1）类图应该画在 Rose 的＿＿＿＿＿＿＿视图中。

（2）顺序图由类角色、生命线、激活期和＿＿＿＿组成。

3. 思考题

（1）UML 的定义是什么？它的组成部分有哪些？

（2）UML 的内容包括哪些部分？

（3）在习题模型中，为什么要使用多种 UML 图？

（4）如何识别参与者？

（5）在例图中有集中关系，如何识别和表示？

（6）类和案例之间有什么类似之处？又有什么差异？

（7）在类图中，多重性表示什么？

（8）状态图在哪些重要方面与类图、对象图或用例图有所不同？

（9）或子状态和并发子状态有什么区别？

（10）顺序图和协作图的差别是什么？两种图"在语义上等价"是什么意思？

第2篇 分析与设计篇

> Chapter 2

项目3　项目市场调研
　　任务3.1　系统的研发背景
　　任务3.2　软件开发计划
项目4　软件项目需求分析
　　任务4.1　调查系统的需求
　　任务4.2　模型
　　任务4.3　事件
　　任务4.4　事物
　　任务4.5　实体---联系图
　　任务4.6　类图
项目5　软件项目总体设计
　　任务5.1　总体设计的基本内容
　　任务5.2　结构化的软件设计
　　任务5.3　面向对象的软件设计
项目6　软件项目详细设计
　　任务6.1　系统详细设计的基本内容
　　任务6.2　图书馆管理系统的详细设计
　　任务6.3　用户界面设计

项目3 项目市场调研

本项目通过对"图书馆管理系统"的分析,使读者了解软件工程的概念及分析方法。掌握对一个软件项目如何进行需求调研、可行性分析,从而制订出初步的软件开发计划。

项目要点:
- 掌握软件项目市场调研步骤。
- 掌握如何对一个软件项目进行可行性分析。
- 学会编写可行性分析报告。
- 学会制订系统的开发计划。

任务 3.1 系统的研发背景

3.1.1 图书馆管理系统的提出

计算机技术的迅猛发展,特别是网络技术的出现标志着信息时代已经来临。信息化浪潮、网络革命在给社会带来冲击的同时,也使图书馆业务受到了强烈的冲击,图书馆传统的管理和服务方式已不能适应读者对日益增长的文献信息的需求,建设图书馆信息网络系统,是图书馆现代化建设的客观要求。建设以计算机为核心的图书馆信息网络,实现图书馆管理和服务的自动化,更好地为科技工作服务,是图书馆发展的必由之路。目前,国内大部分大型公共图书馆和高校图书馆都实现了网络管理,中、小型图书馆(包括企业图书馆)也在朝着这个方向发展。

建立图书馆管理系统,可提供图书借阅、文献检索的服务。传统的手工方式与现代图书馆管理系统相比有如下缺点。

(1)手续烦琐、检索困难、不便于管理,造成资源的利用率低下。

(2)随着馆藏量的不断增加,图书资料的著录和查询的难度也就相应增加,手工方式已经不能满足要求。

实现图书资料的网络管理，至少有以下优点：

（1）著录规范化，为图书资料的采编、著录、查询质量的提高打下基础。

（2）查询自动化和检索途径多样化，可以更方便、及时地找到所需图书资料。

（3）资源共享的优势，通过局域网可以在整个单位范围内实现资源共享，为读者提供便利条件。

因此，以传统的手工方式对图书信息进行管理已越来越不能适应社会发展的需要，尤其是随着计算机网络和 Internet 的普及，运用先进的信息管理系统对信息进行科学化和网络化管理，已成为图书信息管理系统的发展趋势。

3.1.2 国内、外研发现状

目前，国内、外应用的图书馆管理系统各式各样，按照如下方式进行划分。

1. 开发方式

开发方式分为独立开发、委托开发、合作开发、直接购买现成软件等。

2. 开发方法

开发方法分为生命周期法、原型法、面向对象系统法等。

3. 结构形式

结构形式分为浏览器/服务器（B/S）和客户机/服务器（C/S），以及两者结合的结构形式。

4. 开发平台

开发平台包括 Windows NT、Netware 等，同时系统所采用的前台开发软件和后台数据库管理系统又各具特色。

5. 系统使用的范围

系统使用的范围分为单个部门使用、局域网部门之间联合使用、整个校园（Intranet）使用以及整个 Internet 使用等。

6. 按照系统开发主体面向的对象

按照系统开发主体面向的对象分为通用信息管理系统和针对特定单位的专用信息管理系统。

在信息化社会和知识经济时代，信息化、数字化校园建设是国内、外高校的建设热点。在国外，数字化校园建设具有发展早、起点高、投资大和速度快的特点。数字化校园概念最早由美国的麻省理工学院在 20 世纪 70 年代提出，经过多年的努力，已经构建出一个较成熟的数字化校园模型。在欧美，由于政府的强力支持，各学校纷纷对校务管理和教学管理进行了数字化改造。据调查，自 20 世纪 90 年代以来，西方发达国家大部分名牌高校均已较成功地完成了数字化校园建设工作。国内较关注数字资源的提供，较少强调高度的系统集成,更关注学生活动本身,注重协同科研,而信息管理系统在数字化校园中相对弱化。

根据国内的实际情况,信息管理系统应该是国内数字化校园建设的重点。在国内,数字化校园建设具有以下特点:

(1)从整体来看,教育信息化仍处于起步阶段,部分高校起步较早,多数高校已有相当基础。例如清华大学和北京大学的校园网路化建设是在 20 世纪 90 年代初开始的,经过十几年的建设,现已基本建成了以高速校园网为核心,包括学术研究、网路教学、信息资源、社区服务和办公管理等功能的数字化教育系统。它们也是最早提出建设数字化校园概念的学校之一。

(2)全国重点高校数字化校园建设研讨会于 2002 年 5 月在珠海举行,全国 40 余所高校参加了会议,会议决定在全国重点高校率先推进数字化校园建设,并确定清华大学、北京大学、中山大学、浙江大学、重庆大学作为召集单位。会后,全国很快出现了校园数字化建设的新高潮,各高校纷纷设立数字化校园建设项目。

(3)在全国各个研讨会上,关于数字化校园建设项目的研讨也更加火热,数字化校园建设已经成为各高校进行信息化建设的新热点。

利用计算机对图书信息进行管理具有人工管理无法比拟的优点,如检索迅速、查找方便、可靠性高、存储量大、成本低等。这些优点都极大地提高了图书管理的效率,也使图书的管理达到科学化、正规化。因此,开发适应新形势需要的图书馆管理系统是很有必要的。

任务 3.2 软件开发计划

在上面的讲述中,我们提出了开发图书馆管理系统的原因。除此之外,在软件开发的整个生命周期中,我们还要制订详细的软件开发计划,这一阶段首先要进行问题定义;然后分析解决该问题的可行性;项目获准后,还要制订完成任务的计划。

要完成这一阶段的任务,就需要详细地进行图书馆管理系统的市场调研,进行深入细致的可行性研究。只有精心研究、细致运作、制订详细的项目战略规划,才能开始项目,才能实现目标。

3.2.1 问题定义

1. 问题定义的任务

问题定义阶段在说明软件项目的最基本情况下形成问题定义报告。在此阶段,开发者与用户一起,讨论待开发软件项目的类型、待开发软件的性质、待开发软件项目的目标、待开发软件的大致规模以及开发软件的项目负责人等问题,最后用简洁、明确的语言将上述任务写进报告,并且双方对报告签字认可。

2. 问题定义的内容

本阶段持续的时间一般很短,形成报告文本也相对简单。以下是图书馆管理系统的问题定义报告的主要内容。

(1)项目名称:图书馆管理系统。
(2)使用单位或部门:学校图书馆。
(3)开发单位:软件开发公司。
(4)用途和目标:使图书信息管理达到科学化、规范化,提高图书馆管理水平和工作效率。
(5)类型和规模:新开发的各大院校通用大型软件。
(6)开发的起始和交付时间:一年。
(7)软件项目可能投入的经费:100万元。
(8)使用方和开发单位双方的全称及盖章。
(9)使用方和开发单位双方的负责人签字。
(10)问题定义报告的过程时间。

3.2.2 可行性分析

对于应用系统来说,对超过一定金额的项目必须进行项目可行性分析。只有经过可行性分析的论证,才能使开发的项目切实可行。大型管理信息系统的开发通常是一项耗资多、周期长、风险大的工程,在进行项目开发之前进行可行性分析对于规避风险十分重要。

1. 可行性分析的主要内容

管理信息系统的可行性分析涉及多学科的知识,它是寻求使待开发的管理信息系统达到最佳经济效果的综合研究方法。可行性分析的任务可以概括为在做出决策之前对一个拟开发的管理信息系统进行项目开发的必要性、可能性、有效性和合理性的全面论证。可行性分析的内容是通过调查研究,全面分析与管理信息系统项目有关的因素,组合设计出多个可能方案,并对各个方案的经济效果进行分析,最后评选出最优方案,为决策者提供决策依据。可行性分析的作用就在于保证决策者在其所追求的目标中,能够有效地利用现有的人力、物力和财力等资源,达到预期的效果。

可行性分析的内容可概括为环境、技术和经济3个方面。环境的研究是可行性分析的前提;技术上的可行是可行性分析的基础;经济上的可行则是可行性分析评价和决策的主要依据。因此,凡是影响到费用和收益的因素,都是可行性分析的内容。例如,对一个管理信息系统开发项目来说,要回答:为什么要开发该项目?资源情况如何?市场条件如何?开发项目规模有多大?技术条件怎样?需要哪些基础条件?何时实施最佳?投资效果和成功的可能性怎样?此外,还要考虑国家的有关政策及该项目对社会的影响等。可行性分析的内容十分广泛,涉及社会、政治、经济、法律和多方面的专业技术知识,具有较强的综合性,需要各方面专家分工合作。因此,复杂系统的可行性分析一般都由专门咨询机构承担。下面分别介绍可行性分析3个方面的内容。

1)环境可行性分析

大型管理信息系统的开发是一项复杂工程,需要投入大量的人力、物力、财力以及时间。开发的新系统在现有条件中是否可行是需要认真考虑的问题。系统能否在现场的环境中顺利地运行并达到预定的目标是衡量方案是否成功的重要标志。

2）技术可行性分析

在开发一个管理信息系统时，应当分析目前有关技术是否支持所开发的新系统以及能否实现新系统的目标，并对新系统将要采用的技术是否成熟、能否有效地支持新系统的运行进行分析。

3）经济可行性分析

首先需要考虑的问题是，开发一个管理信息系统带来的经济效益是否会超过其研制和维护所需的费用。判断这个项目是否应该实施应从费用估计、效益估计两个方面分析。

（1）费用估计。费用估计是对系统开发、运行整个过程的总费用进行估计。一般投资费用包括计算机机房费用、计算机及其外围设备和计算机网络的购置费用、系统和程序开发费用、系统调试和安装费用、系统相关人员的培训费用、雇佣人员的人力资源成本、一般消耗品费用、技术服务性费用等。

（2）经济效益估计。若管理信息系统设计合理，除去经营的因素外，在系统投入运行以后就会取得一定的经济效益和社会效益。在可行性分析阶段，系统尚未建成，主要依赖系统分析人员的经验，根据已建成的类似系统所取得的经济效益和社会效益，或间接经济效益，推测出系统方案实施后可能取得的经济效益。经济效益估计可用数字直接表达出来，如节省人力、财力、时间、增加生产、提高生产效率等都可以直接用数字描述。间接经济效益（也称社会效益）难以用数字直接表达出来。

2. 可行性分析的主要步骤

对于不同类型的系统开发项目，可行性分析所涉及的基本问题是大致相同的。按照系统分析的原理，要做好可行性分析，必须按一定的工作步骤进行。

1）确定目标

在可行性分析中，目标是指在一定的环境和条件下，希望达到的某种结果。项目目标可以分为基本目标和期望目标。基本目标是必须实现的目标，期望目标是力争达到的目标。在确定目标的同时，还要提出达到预期目标的考核指标。指标往往不止一个，而是一个指标系统，其中包括技术指标、经济指标、社会指标和环境指标等。目标的确定是可行性分析中的关键问题之一。但目标不是现成的，目标的确定涉及许多因素，是一个复杂过程。目标定得不恰当，将会直接影响整个可行性分析的质量。

2）进行系统调查

对现行系统和市场做全面、细致和充分的调查研究分析。

3）列出可能的技术方案

在系统调查的基础上，列出各种可供选择的技术方案。

4)技术先进性分析

技术先进性有广泛的含义,既有系统功能的先进性,又有所用计算机设备的先进性,还有标准化等组织技术的先进性等,这些都是必须考虑的。

5)经济效益分析

对方案经济效益的分析是指按现行财务制度的各种规定和数据、现行价格、税收和利息等来进行的财务收支计算,并用可能发生的资金流量对技术方案的经济收益进行的一种评价。

6)综合评价

通过对技术方案经济效果的评价,可优选出经济上最好方案。但经济上最好方案不一定是最优方案,必须进行综合评价。所谓综合评价是指在经济评价的基础上,同时考虑其他非经济方面的效果,如政治、社会、环境效果等,对技术方案进行评价。这种评价往往采用多目标决策的方法。

7)优选可取方案并写出可行性分析报告

通过以上诸项分析和评价,根据项目目标优选最合适方案,并按照总体纲要写出可行性分析报告。

3. 可行性分析的评价原则

1)效益性原则

效益就是收益减去费用后的余额。贯穿经济评价过程始终的一项基本活动是通过收益与费用对比来分析经济效益。要求以尽可能少的费用,取得尽可能多的有用成果。体现效益性原则的经济评价方法主要有净现值法等。

2)经济性原则

在一定的效益条件下,费用小的替代方案其价值就高。当事先给定的收益目标达到时,应从可以达到目标的替代方案中选取费用最小的方案。体现经济性原则的评价方法主要有最小费用法、投资回收期法等。

3)可靠性原则

可行性分析的对象,绝大部分是拟将采用的可行方案,可行性分析的基础数据大都来自预测和估算,具有不确定性,这将会带来实际技术经济效果的变动,使可行方案具有较大的潜在风险,提高经济效果评价的可靠性和经营决策的科学性,需要对经过初步评价的可行方案做不确定性分析。这对投资较大的、寿命较长的大系统来说尤为重要。提高技术经济评价可靠性的不确定性分析有盈亏平衡分析法和灵敏度分析法等方法。

4）可比性原则

可行性分析的实质，就是对实现某一预定目标的多个方案进行比较，从中选出最优方案。而要比较就必须建立共同的比较基础和条件，具体如下：

（1）满足需要可比。任何一个可行方案都要满足一定的要求。当对能满足相同需要、具有替代性的不同可行方案进行比较时，要求不同方案的评价指标具有可比性。

（2）耗费用可比。为了正确进行经济效果比较，必须按照前述的费用概念，对所有替代方案均不仅计量其货币费用、实际费用、内部费用和一次投资费用，而且要考察它们的非货币费用、机会费用、外部费用和日常经营费用。同时，在计算消耗费用时，必须用统一的费用种类、计算原则和方法。

（3）价格可比。在可行性分析评价中，对不同可行方案应采用相同的价格标准。如果实际价格与价值相差较大时，应对实际价格进行修正。

（4）时间可比。首先，不同可行方案，必须采用相同的计算期作为比较基础。另外，必须考虑各方案费用发生和收益的时间先后和期限。对于不具备时间因素可比的方案，可通过适当的方式折算成同一时间因素的量再进行比较。不论采用哪种评价方法，都应当符合以上各种可比性的要求。

3.2.3 可行性分析报告

可行性分析报告是可行性分析的最后成果，该报告必须用书面形式来体现以作为论证和进一步开发的依据。本节将介绍可行性分析报告的一般格式并以高校图书馆管理系统的可行性分析报告为实例来展开分析。

1. 可行性分析报告的一般格式

可行性分析报告通常包括封面和内容两个部分，封面的格式如下所示：

文档编号：
版 本 号：
文档名称：_____
项目名称：_____
项目负责人：_____
编写：_____   年   月   日
校对：_____   年   月   日
审核：_____   年   月   日
批准：_____   年   月   日
开发单位：_____

可行性报告内容如下。

1）引言

（1）编写目的。阐明编写本可行性分析报告的目的，指出读者对象。

（2）项目背景。应包括：

① 所建议开发软件的名称。

② 本项目的任务、开发者、用户及实现软件的单位。

③ 本项目与其他软件或其他系统的关系。

（3）定义。列出有关资料的作者、标题、编号、发表日期、出版单位或资料来源，可包括：

① 本项目经核准的计划任务书、合同或上级机关的批文。

② 与本项目有关的已发表的资料。

③ 本文档中所引用的资料，所采用的软件标准或规范。

2）可行性研究的前提

（1）要求列出并说明建议开发软件的基本要求。可包括：

① 功能。

② 性能。

③ 输出。

④ 输入。

⑤ 基本的数据流程和处理流程。

⑥ 安全与保密要求。

⑦ 与本软件相关的其他系统。

⑧ 完成期限。

（2）目标。可包括：

① 人力与设备费用的节省。

② 处理速度的提高。

③ 控制精度或生产能力的提高。

④ 管理信息服务的改进。

⑤ 决策系统的改进。

⑥ 人员工作效率的提高等。

（3）条件、假定和限制。可包括：

① 建议开发软件运行的最短寿命。

② 进行系统方案选择比较的期限。

③ 经济来源和使用限制。

④ 硬件、软件、运行环境和开发环境的条件和限制。

⑤ 可利用的信息和资源。

⑥ 建议开发软件投入使用的最迟时间。

（4）可行性研究方法。

（5）决定可行性的主要因素。

3）对现有系统的分析

（1）处理流程和数据流程。

(2) 工作负荷。
(3) 费用支出，如人力、设备、空间、支持性服务以及材料等项开支。
(4) 人员。列出所需人员的专业技术类别和数量。
(5) 设备。
(6) 局限性。说明现有系统存在的问题以及为什么需要开发新的系统。

4) 所建议技术可行性研究

(1) 对系统的简要描述。
(2) 处理流程和数据流程。
(3) 与现有系统比较的优越性。
(4) 采用建议系统可能带来的影响。
① 对设备的影响。
② 对现有软件的影响。
③ 对用户的影响。
④ 对系统运行的影响。
⑤ 对开发环境的影响。
⑥ 对运行环境的影响。
⑦ 对经费支出的影响。
(5) 技术可行性评价。包括：
① 在限制条件下，能否达到功能目标。
② 利用现有技术功能，能否达到目标。
③ 对开发人员数量和质量的要求，并说明能否满足要求。
④ 在规定的期限内，能否完成开发。

5) 所建议系统经济可行性研究

(1) 支出。
① 基建投资。
② 其他一次性支出。
③ 经常性支出。
(2) 效益。
① 一次性收益。
② 经常性收益。
③ 不可定量收益。
(3) 收益/投资比。
(4) 投资回收周期。
(5) 敏感性分析。

6) 社会因素可行性研究

(1) 法律因素。例如，合同责任、侵犯专利权、侵犯版权等问题的分析。

（2）用户使用可行性。例如，用户单位的行政管理、工作制度、人员素质等能否满足要求。

7）其他可供选择的方案

8）结论意见

2. 可行性分析报告案例

大部分在校学生对实际的企业管理过程并不十分清楚，而对于与学习息息相关的图书馆的运作管理都有一定的了解，因此选择图书馆管理系统的可行性分析作为案例以期对该部分内容的学习有所帮助。案例中使用的分析问题的思路和撰写报告的格式对于建设企业管理信息系统也具有指导意义。

以下可行性报告是按照上述介绍的可行性分析报告规范格式编写的。

文档编号：1
版 本 号：1.1
文档名称：××图书馆管理系统可行性分析报告
项目名称：××图书馆管理系统
项目负责人：×××
编写：×××　　　　　　　　　　　2010 年 3 月 10 日
校对：×××　　　　　　　　　　　2010 年 4 月 10 日
审核：×××　　　　　　　　　　　2010 年 5 月 12 日
批准：×××　　　　　　　　　　　2010 年 5 月 18 日
开发单位：××××××××

1）引言

（1）编写目的。对图书馆管理系统进行可行性分析。

（2）项目背景。

① ××图书馆管理系统。

② 本项目的任务提出者：×××。

开发者：×××、×××、×××。

软件开发单位：××××××××。

③ 本项目与其他软件或其他系统的关系：工作于 Windows 的所有系统。

（3）参考资料：

××××××

（4）系统简介：

进入信息时代后，人们对图书馆的运作实现信息化管理的要求越来越迫切。图书馆仍然使用人工管理的手段，工作环境难以提高，同时也浪费了大量的人力资源。希望通过该信息系统的建设实现对图书馆的信息化管理，达到提高效率、节省人力资源、方便读者的目的。该系统一方面实现读者的自助服务功能，如网络查询、网络预约、网络续借等；另一方面实现图书管理员处理工作的自动化，如借书、还书、预约、续借、罚款处理等；另外还要实现系统管理员对整个系统资源的信息化管理，如用户管理、书面管理、图书管理等。

（5）技术要求及限定条件：

① 记录图书的借阅状态和预约状态。

② 记录读者的借阅状态，如是否借满、是否超期等。

③ 控制读者记录的增/删条件，如读者离校时必须无欠书和欠款，否则无法删除读者记录。

④ 控制图书和图书的关系，如淘汰某种图书时，必须完全删除对应册数的图书记录方可删除相应的书目记录。

2）可行性研究的前提

（1）要求。

① 功能：实现图书管理的基本功能，图书被借阅和预约的状态、读者借阅和预约的状态应有详细记录。

② 性能：能够完成图书馆日常管理的基本处理，方便读者和图书管理员进行操作使用。

③ 输出：图书信息、书目信息、读者信息。

④ 输入：读者相关信息、图书相关信息、书目相关信息。

⑤ 基本的数据流程和处理流程（略）。

⑥ 安全与保密要求：运行于校园网，读者使用的功能实现 Internet 访问。

⑦ 与本软件相关的其他系统：无。

⑧ 完成期限：3 个月。

（2）目标。

① 节省人力与设备费用。

② 提高工作效率。

（3）条件、假定和限制。

① 建议开发软件运行的最短寿命：5 年。

② 进行系统方案选择比较的期限：2 周。

③ 经费来源和使用限制：经费由上级拨款，无限制。

④ 法律和政策方面的限制：不违法国家法律和学校相关规定。

⑤ 硬件、软件、运行环境的条件和限制：客户端运行于基于 Windows 平台的 PC，服务器端运行于 Windows Server 平台的服务器。

⑥ 可利用的信息和资源（略）。

⑦ 建议开发软件投入使用的最迟时间：开发后 3 个月。

（4）可行性研究方法。对图书馆的运行管理进行调查。

（5）决定可行性的主要因素。技术可行性、经济可行性和法律可行性。

3）对现有系统的分析

（1）处理流程和数据流程。

① 现行系统：手工方式处理。

② 分析：读者借阅等待时间长，信息查询困难，数据分析汇总困难。

（2）费用支出：项目专项费用。

（3）人员：由 3～5 人组成开发小组，开发小组能够运用数据库技术和网络编程技术完成系统开发。

（4）设备：用于开发测试的计算机及局域网环境。

（5）开发新系统的必要性：提高管理效率，节省大量人力和财力，适应图书馆未来的发展。

4）建议技术可行性研究

（1）对系统的简要描述。该系统为图书馆的日常管理服务，安装、使用简便，具有良好的安全性和兼容性。

（2）处理流程和数据流程。用户（读者、图书管理员、系统管理员）使用本系统时需要进行身份验证，图书管理、读者管理实现计算机管理。

（3）与现有系统比较的优越性。更便捷、更安全、更有效。

（4）未采用建议系统可能带来的影响。对现有设备和人员无影响。

（5）技术可行性评价。

① 在限制条件下，能否达到功能目标：验证是否给出正确的信息或提示。

② 利用现有技术能否达到功能目标：能。

③ 开发人员数量和质量的要求，并说明能否满足要求：能满足，3～5 人的开发小组熟练掌握系统分析技术、数据库技术和网络编程技术。

④ 在规定的期限内，开发能否完成：能。

5）建议系统经济可行性研究

（1）支出。开发该系统需要支出的费用包括基建投资、其他一次性支出，共约 5 万元。采用任务分解法估算该系统的开发共需 4 人 2 个月完成，每人月成本为 2500 元，估计系统的人工费用为 2500 元×4×2=2 万元，开发成本共为 5 万元+2 万元=7 万元。

（2）收益。可以列表计算系统的投资回收期和开发纯收入，系统的投资收益表如表 3-1 所示，其中 i 值为 3.36%。将来的收入主要体现在每年可节省的人力、耗材等，每年收入为 2.5 万元。估计软件使用寿命为 5 年。

表 3-1　系统投资收益表

购买设备软件费			5 万元	
人工费			2 万元	
开发成本费（购买设备软件费＋人工费）			5 万元＋2 万元	
每年收入			2.5 万元	
年	收入（元）	$(1+i)^n$	现值（元）	累计现值（元）
1	25000	1.0336	24187.31	24187.31
2	25000	1.0683	23401.67	47588.97
3	25000	1.1042	22640.83	70229.80
4	25000	1.1413	21904.85	92134.64
5	25000	1.1797	21191.83	113326.47
纯收入			43326.47 元	

综合以上条件，经过成本/收益计算后的纯收入为 43326.47 元。

6）社会因素可行性研究

（1）法律因素：符合法律规定没有触犯合同中双方所签署的条款。
（2）用户使用可行性：会使用计算机和对网络的安全性有一点了解的人员均可使用。

7）结论和意见

方案可行。

经过初步的系统调查，给出了可行性分析报告，并经过主管领导的批准，还必须对现行系统进行全面、深入的详细调查和分析，找出要解决的问题实质，确保新系统的有效性。

3.2.4 系统的开发计划

1. 开发计划主要任务

经过分析，我们项目的开发是可行的，接下来的工作就是制订软件的开发计划。软件的开发计划也称项目实施计划，是一个综合的计划，是软件开发工作的指导性文档，阅读对象是软件开发的主管部门、软件技术人员和用户。它的内容主要包括以下几个方面。

1）项目资源计划

软件开发的资源主要用于支持软件开发的硬件、软件工具以及人力资源。人力是软件开始的最重要资源，在安排开发活动时必须考虑人员的情况，如技术水平、数量和专业配置，以及在开发过程中各个阶段对各种人员的需要。通常，项目的管理人员主要负责项目的决策，高级技术人员还要负责项目的设计方面的把关。初级技术人员的前期工作不多，具体编码和调试阶段的大量工作主要由初级技术人员完成。

硬件资源主要指运行系统所需要的硬件支持，包括开发阶段使用的计算机和有关外部设备，系统运行所需的计算机和其他设备。

软件资源则分为支持软件和实用软件两类。

（1）支持软件：最基本的是操作系统、编译程序和数据库管理系统。因为这是开发人员开发系统所必需的工具。

（2）实用软件：为促成软件的重复利用，可将一些实用的软件结合到新的开发系统中，建立可复用的软件部件库，以提高软件的生产率和软件的质量。

2）成本预算

成本预算就是要估计总的开发成本，并将总的开发费用合理地分配到开发的各个阶段中。

3）进度安排

进度安排确定最终的软件交付日期，并在限定的日期内安排和分配工作量。

2. 项目开发计划编写提示

编写项目开发计划的目的是以文件的形式，把在开发过程中对各项工作的负责人员、开发进度、所需经费预算、所需软件、硬件条件等做出的安排记载下来，以便根据计划开展和检查本项目的开发工作。图书馆管理系统的开发计划编写如下。

1）引言

（1）编写目的：说明编写这份项目开发计划的目的。

（2）背景：说明待开发软件系统的名称，本项目的任务提出者、开发者、用户及实现该软件的计算中心。

（3）参考资料：列出所需要的参考资料，如果为商业项目，还要列出合同、上级批准文件；本项目中引用的文件、资料，包括软件开发用到的软件开发标准；列出这些资料的标题、文件编号、发表日期和出版单位等。

2）项目概述

（1）工作内容：简要说明在本项目开发中需要进行的各项主要工作。

（2）主要参加人员：说明参加本项目开发的主要人员情况。

（3）程序：列出交给用户的程序的名称、所用的编程语言及存储程序的媒体形式，并通过引用有关文件，逐渐说明其功能和能力。

（4）文件：列出需移交给用户的每种文件的名称及内容要点。

（5）服务：列出需向用户提供的各项服务，如培训、安装、维护和运行支持等。

（6）验收标准：对于上述应交出的产品和服务，逐项说明或引用资料说明验收标准。完成项目的最后期限：交付使用的时间。

3）实施计划

（1）工作任务的分解与人员分工：对于项目开发中需完成的各项工作，从需求分析、设计、实现、测试直接到维护，指明每项任务的人员及其职责。

（2）进度：对于需求分析、设计、编码实现、测试、移交、培训和安装等工作，给出每项工作的预定开始日期、完成日期及所需资源，规定各项工作完成的先后顺序以及象征每项工作完成的标志性事件。

（3）预算：逐项列出本项目所需要的劳务以及经费的预算和来源。

（4）关键问题：逐项列出能够影响整个项目成败的关键问题、技术难点和风险，指出这些问题对项目的影响。

小 结

项目 3 从图书馆管理系统研发的背景出发，介绍了软件开发的计划及软件开发的可行性分析。然后针对图书馆管理系统的开发提出了可行性分析内容，包括可行性分析的主要任务、基本的步骤，以及如何编写可行性分析报告。最后介绍了开发计划的主要任务和计划的制订。

实 验 实 训

1. 实训目的

（1）培养学生对所要开发项目进行调查研究的能力。

（2）了解软件工程在软件开发过程中的指导作用。

2. 实训要求

（1）深入所在学校的学生管理部门，了解学校管理人员对学生管理的信息需求。

（2）实训后写出可行性分析报告。

3. 实训项目——学生管理系统练习

（1）到学校的学生管理部门了解所在学校学生管理的现状，建议采用软件进行管理，提出帮助开发的意向。

（2）进行可行性研究，写出可行性报告。

（3）制订软件开发的计划书。

习　　题

1. 选择题

（1）软件是与计算机系统中的硬件相互依存的另一部分，它包括文档、数据和（　　）。

　　A．数据　　　　　　B．软件　　　　　　C．文档　　　　　　D．程序

（2）软件工程是一门研究如何以系统化、（　　）、可度量化等工程原则和方法指导软件开发和维护的学科。

　　A．规范化　　　　　B．标准化　　　　　C．抽象化　　　　　D．简单化

（3）软件工程的出现主要是由于（　　）。

　　A．方法学的影响　　　　　　　　　　　B．软件危机的出现

　　C．其他工程学科的发展　　　　　　　　D．计算机的发展

（4）可行性研究主要包括经济可行性、技术可行性、法律可行性和（　　）四个方面。

　　A．运行可行性　　　B．条件可行性　　　C．环境可行性　　　D．维护可行性

（5）编写项目开发计划的目的是以（　　），把在开发过程中对各项工作负责人员、开发进度、所需经费预算、所需软件、硬件条件做出的安排记载下来。

　　A．文件形式　　　　B．文档形式　　　　C．电子档案形式　　D．条文形式

2. 填空题

（1）软件工程是____、____、____和修复软件的系统方法，这里所说的系统方法，把

系统化的、规范化的、可度量化的途径应用于软件生命周期中，也就是把工程应用于软件中。

（2）可行性研究的任务不是具体解决系统中的问题，而是确定问题是否_____、是否_____。

（3）_____，是一个综合的计划，是软件开发工作的指导性文档，阅读对象是软件开发的主管部门、软件技术人员和普通用户。

3. 思考题

（1）可行性研究的主要任务有哪些？

（2）制订项目开发计划的主要任务是什么？

（3）简述可行性分析的一般步骤和评价原则。

项目4 软件项目需求分析

管理信息系统作为复杂的人——机交互系统涵盖了大量的信息，要求开发者能够正确处理和分析相关的信息，在系统建设初期明确系统需求，并用模型清晰完整地描述。

项目4将介绍两种基本的分析方法——结构化分析方法和面向对象分析方法以及它们用来描述系统需求的模型工具。同时，还提供课程管理系统和图书馆管理系统两个实例，分别对应两种分析方法和建模过程。

项目要点：
- 掌握软件项目需求调查的方法及调查内容。
- 利用结构化的分析方法来描述需求模型。
- 利用面向对象的分析方法来描述需求模型。

任务 4.1 调查系统的需求

调查系统是系统分析的一个重要组成部分，它包括功能需求和技术需求、访问系统相关者、建立原型并对调查结果和原型进行结构化遍历以及业务流程重组几个部分。

4.1.1 功能需求和技术需求

系统需求通常可以分为两类：功能需求和技术需求。功能需求是系统必须完成的活动，也就是系统将要投入的业务应用。功能需求直接来自系统规划阶段确定的系统功能。例如，对于一个工资系统来说，需要实现的业务应该包括这样一些新系统功能：计算奖金数量、计算税金、打印工资报表、维护雇员的相关信息等。一般来说，在实际开发中，确定和描述所有相关的业务应用都需要花费大量的时间和精力。

技术需求是指与企业的环境、硬件和软件有关的所有可操作目标。例如，系统必须在 Windows Server 2000 或以上版本的客户机/服务器环境下运行；系统的屏幕响应时间必须少于 0.5s；系统必须能够同时支持 100 个终端等。这些技术需要通常被描述成是系统必须达到的具体目标。

对于新系统的完整定义，这两种类型的系统需求都是必不可少的，也都要包含在系统需求调查中。功能需求通常记载在已建立的分析模型中，而技术需求则通常记载在技术需求的叙述性描述中。

4.1.2 系统相关者

系统功能需求信息的主要来源是新系统的各种系统相关者。通常,系统相关者可以分为以下 4 类。

(1) **用户**:实际使用系统处理日常事务的人。
(2) **客户**:购买和拥有系统的人。
(3) **技术人员**:确保系统运行在公司的计算机环境下的人。
(4) **外部实体**:如公司的顾客。

1. 用户

用户角色,也就是系统用户的类型,从两个方向进行定义:水平方向和垂直方向。在水平方向上指系统分析员必须在业务部门中寻找信息流。例如,一个新的库存系统也许将要影响进货部门、仓库、销售部门和生产部门。系统分析员必须确保访问这些部门的相关人员以了解需求。在垂直方向上,需要职员、中层管理人员以及高层管理人员提供信息需求。这些系统相关者中的每一个都将对系统有不同的信息需求,因此系统分析员在设计时必须把这些信息需求包括在内。

2. 客户

尽管项目小组必须满足用户的信息处理需求,但它也有责任满足客户的需求。在许多情况下,客户和主管用户是同一组人,然而,客户也可能是单独的一组人,例如客户可能是某公司的理事会或董事会。我们把客户包括在重要的系统相关者列表中,这是因为项目小组必须在项目的整个开发过程中始终向客户提供项目进展的概要情况。客户负责批准或否决资金的使用。

3. 技术人员

技术人员一般来说不能算做真正的用户群,但他们是许多技术需求的来源。技术人员包括建立和维护企业计算机环境的人。这些人在编程语言、计算机平台和其他设备等方面对项目提供帮助。对某些项目来说,项目小组始终包括一组技术人员;而对另外一些项目来说,只在需要时才把技术人员包括在内。

一般来说,在系统调查初期,系统分析员主要与以上 3 类系统相关者交流以获取必要的系统需求。

4.1.3 建立系统需求原型

传统的系统需求开发过程可分为以下 4 个步骤:
(1) 确定现有系统的物理过程和活动。
(2) 从现有物理过程中提取出业务逻辑功能。
(3) 为将在新系统中使用的方法开发出业务逻辑功能。

(4)定义新系统的物理处理需求。

这种结构化方法为系统需求分析提供了严格的顺序,但它的缺点也很明显,最主要的是需要花费大量的时间。在当今这样一个竞争激烈的社会,许多企业正在使用新的信息技术来增加其自身的竞争优势,因此,快速地建立系统需求原型是一个实用的方法。原型是一个强有力的工具,它被广泛地应用在项目开发中。在分析阶段,原型用来测试系统的可行性和帮助定义过程需求,这些原型可以是简单的屏幕显示或报表程序。在设计阶段,分析人员建立原型来测试各种设计和界面方法。甚至在实施阶段,也可以通过建立原型来测试各种编程技术的效果和效率。

任务 4.2 模 型

在系统分析阶段,系统分析员使用一组模型来充分描述管理信息系统的需求。一般来说,一个模型代表了当前系统的某些方面。不同类型的模型在不同层次上表现系统。任务 4.2 将介绍模型的相关知识。

4.2.1 模型的作用及类型

1. 模型的作用

在系统分析阶段进行系统建模主要具有以下作用。

(1)有助于提取系统需求信息。由于系统本身的复杂性,使用模型可以在不同细节层次上来描述系统。

(2)有助于系统分析员整理思路。建立模型的过程能帮助系统分析员澄清思路和改良设计,建模过程本身对系统分析员有直接的帮助。

(3)有助于系统的分析和集成。管理信息系统往往是复杂的,在系统分析阶段对系统需求建模有助于问题的简化,并能够使系统分析员的精力一次只集中在系统的几个方面上。

(4)有助于记忆和把握相关细节。系统分析需要收集和处理数量庞大的信息,规范通用的模型可成为有效的帮助记忆的工具。

(5)有助于系统开发小组以及小组成员之间进行交流。通用规范的模型是项目小组成员之间进行交流和协作的有效工具。

(6)为未来的维护和升级提供文档参考。系统分析员建立的需求模型可以作为以后的开发小组在维护和升级系统时的文档,使以后的开发者能够继续使用。

2. 模型的类型

系统分析员在进行系统建模时,要根据所要表达信息的特征来使用不同类型的模型。在通常情况下,可以把模型分为3种类型:数学模型、描述模型和图形模型。

(1)数学模型。数学模型是描述系统技术方面的一系列公式。例如,用函数计算查询所需要的响应时间。这些模型就是技术需求的例子。在管理信息系统的需求分析中,有时使用数学公式可以非常清晰而简洁地描述用户的需求。例如，在工资管理系统中奖金的核算、加班费的核算等，都是可以用简单的公式来建模。

（2）描述模型。对于不能够使用数学模型精确定义的需求，系统分析员可以使用描述模型。这些描述模型可以是调查备忘录、处理过程以及报表或列表。结构化英语或伪代码是另一种形式的描述模型，程序员在熟悉了建模算法所使用的结构化英语或伪代码后可以进行实际的程序编制。

（3）图形模型。图形模型是图表和系统某些方面的示意性表示。图形模型可能是系统分析员所建立的最有用的模型。图形模型有助于理解难以用语言来描述的复杂关系。在系统分析中，一个清晰的图形能更准确地描述系统的某些需求。系统分析阶段往往用一些关键的图形模型来表示系统中比较抽象的部分，因为系统分析阶段的重点集中在系统需求的高度抽象的问题上，而不去关心具体的实现细节。更具体的界面设计和报表格式模型是在系统设计阶段完成的。图形模型使用标准化的符号来表示相关信息，这将有利于人们使用模型进行有效的交流。在学习系统建模时，熟悉并掌握建立图形模型所需要的符号非常重要。

4.2.2　逻辑模型和物理模型

1. 逻辑模型

在系统分析阶段所建立的模型详细定义了系统需求但并没有局限于某一具体技术，因此这些模型通常被称为"逻辑模型"。系统分析员可以创建很多种类的逻辑模型来定义系统需求。下面列出经常使用的一些逻辑模型：

（1）事件列表。
（2）数据流图。
（3）实体—联系图。
（4）数据流定义。
（5）数据元素定义。
（6）过程描述/结构化语言。
（7）类图。
（8）用例图。
（9）顺序图。
（10）协作图。
（11）状态图。

2. 物理模型

在系统设计阶段也会建立许多模型。这些模型显示了如何使用具体技术来实现系统的某些方面，因此它们被称为"物理模型"。这些模型中有一些是分析阶段所建立的需求模型的扩展，有一些直接来自于需求模型。有些模型既在系统分析阶段使用，也在系统设计阶段使用，例如面向对象建模中的类图。下面列出经常使用的一些物理模型：

（1）界面设计。
（2）报表设计。
（3）系统流程图。
（4）结构图。
（5）数据库设计。
（6）网络图。
（7）分布图。

任务 4.3　事　　件

在介绍了模型的基本概念之后，将进一步介绍建立管理信息系统功能需求建模的细节。所有的系统开发方法，不论是结构化方法还是面向对象方法，都是基于事件进行建模的。任务 4.3 将介绍与事件相关的知识。

4.3.1　事件的概念和类型

对于管理信息系统来说，事件是指与系统行为相关的，可以描述、值得记录的某一特定时间和地点发生的事情。管理信息系统作为复杂的人—机交互系统，它的所有处理过程都是由事件驱动或触发的，因此在定义系统需求时把所有事件罗列出来加以分析是十分必要的。所有的系统开发方法都是从定义事件开始建模过程的。

系统分析中需要考虑的事件有 3 种类型：外部事件、临时事件和状态事件。系统分析员开始工作时要尽可能多地识别和列出这些事件，同时在与系统相关人员的交流中不断细化这些事件列表。

1. 外部事件

外部事件是指在系统之外发生的事件，通常都是由外部实体或动作参与者触发的。外部实体或动作参与者可以是一个人或组织单位，它为系统提供数据或从系统获取数据。为了识别关键的外部事件，系统分析员首先要确定所有可能需要从系统获取信息的外部实体。在图书馆管理系统中，读者就是一个典型的外部实体的例子，读者借阅图书是一个非常重要的事件。与读者相关的还有其他事件。例如，有时，一位读者想退订已预约的图书，或者一位读者需要按超期时间支付罚款。诸如此类的外部事件正是分析员所要寻找的那一类，因为分析员要定义系统需要完成哪些功能。这些外部事件将会导致一些系统必须处理的重要事务。

描述外部事件时，必须为事件命名，这样能更清晰地定义外部实体。同时，在描述中还应该包括外部实体需要进行的处理工作。因此，事件"读者借书"描述了一个外部实体，这里是读者以及这位读者还想做的事情，即借阅图书，这一事件直接影响着系统。

重要的外部事件还可能来自于图书馆内部的人或组织单位的需求，例如，采编室需要完成一定的信息处理功能。在图书馆管理系统中，一个典型的事件可能是"采编室增加或删除书目信息"。作为一个图书馆管理系统，需要通过计算机完成图书馆的日常管理工作，因此系统需要能够完成这样的功能。

2. 临时事件

临时事件是指在达到系统设定的某一时刻所发生的事件。许多管理信息系统在事先定义的时间间隔产生一些输出结果，例如银行系统在设定的利息结算日对账户资金进行利息结算就是由临时事件触发的。和外部事件不同，临时事件是系统自动执行的，不需要外部实体或动作参与者的触发。

3. 状态事件

状态事件是指当系统内部发生了需要处理的情况所引发的事件。例如，产品的销售导致了库存记录的变化，当库存降到了库存的订货点时，就需要重新订货。该状态事件可以被命名为"到达订货点"。通常，状态事件作为外部事件的结果而发生。有时，状态事件和临时事件相似，唯一不同的是，状态事件无法定义事件发生的时刻。

4.3.2 事件定义

定义影响系统的事件并不容易，系统分析员可以使用一些方法来辅助定义事件。

1. 区分事件和触发事件的条件以及系统响应

有时，很难区分事件和一系列导致该事件发生的条件。以一位读者从图书馆借书的过程为例，从该读者自身的角度来看，这个过程可能包括了一系列事件：第一个事件可能是读者想要借某一科目相关的书籍，接着读者可能在阅览室查看了部分相关的书籍，然后他在书库中继续查阅相关的书籍，最后他选定了某一本书并把它拿到流通台前准备借出。作为系统分析员，在了解了这一连串事件后，需要确定哪些事件对系统有直接影响，而哪些事件在系统建模过程中可以忽略。在上面的实例中，读者把想要借出的书拿到流通台准备办理借书手续时才开始真正对系统施加影响。

此外，在一些情况下，很难区分外部事件和系统响应。例如，当读者准备借书时，系统需要读者提供借书卡，于是读者把借书卡交给图书管理员。在这里，读者提供借书卡的行为可以看做一个事件吗？在本例中，这不算是一个事件。因为它只是在处理原始系统事件时发生的一部分交互行为。

2. 跟踪事务处理的生命周期

在定义事件时，跟踪针对某一外部实体或参与者而发生的一系列事件通常很有用。在图书馆管理系统的例子中，系统分析员要考虑由于增加一位新读者所引发的所有可能的处理。首先，读者要具有使用图书馆资源的权限，这一事件导致数据库中增加了包含读者信息的记录；然后，读者也许想要借阅图书，也许想要预约图书，或者取消预约；最后，读者也许想要查询某书的相关信息等。研究这样的过程有助于定义事件。

3. 暂不考虑技术依赖事件和系统控制

有些内容对系统很重要，但不直接影响用户和事务处理，这样的事件一般称为技术依赖事件和系统控制。在系统分析阶段，系统分析员可以把这些事件暂时搁置，只需要把精力集中于功能需求，即系统需要完成的工作上。逻辑模型不需要指明如何去实现系统，因此在模型中应该省略实现的细节。在系统设计阶段，这些事件是非常重要的。这样的事件包括登录系统、安全控制以及数据库备份等。随着项目的进展，在设计阶段，项目小组将把这些控制加进来。

4.3.3 图书馆管理系统中的事件

下面以某个需要建设的图书馆管理系统的运作为例来分析它所涉及的事件。以下列出的是所涉及的一些外部事件。

（1）任何系统使用者进行书目查询。
（2）读者对个人账户信息进行查询及更改。
（3）读者预约/退订图书。
（4）图书管理员办理借/还书手续。
（5）图书管理员办理逾期罚款手续。
（6）图书管理员办理丢失赔偿手续。
（7）采编人员管理书目信息。

此外，图书馆管理系统还涉及下列临时事件：

（1）发送图书到期的催还通知。
（2）发送预约图书到架的通知。
（3）按月生成图书借阅排行榜。

随着对系统功能分析的细化，以上所列事件将被进一步完善，甚至还有更多的事件加入进来。

在进行初步的系统分析时，可以设计一个事件列表，把分析过程中所确定的每一个事件及其相关信息填入列表中，列表中还应当包括事件、触发器、来源、动作、响应以及目的地等相关细节。其中，触发器是指通知系统某事件发生的事物，来源是指为系统提供数据的外部实体或参与者，动作是指某事件发生时系统执行的操作，而响应是指系统产生的输出结果，该结果被送往某个目的地，目的地是指接收系统输出数据的外部实体或参与者。

图书馆管理系统的事件表如表 4-1 所示。

表 4-1 图书馆管理系统的事件表

事 件	触 发 器	来 源	动 作	响 应	目 的 地
使用者查询书目信息	书目查询	查询者	查询所需书目	查询结果	查询者
读者预约	预约请求	读者	预约所需图书	预约图书的结果	读者
退订图书	退订图书请求	读者	退订所需图书	退订图书的结果	读者

续表

事　件	触　发　器	来　源	动　作	响　应	目　的　地
管理员办理借书手续	需要办理借的图书	读者	办理借书手续	完成借/手续	读者
管理员办理还书手续	需要办理还的图书	读者	办理还手续	完成还手续	读者
理员办理逾期罚款手续	逾期已借图书	借书记录	办理罚款手续	逾期罚款单	读者
管理员办理丢失赔偿手续	丢失已借图书	借书记录	办理赔偿手续	丢失赔偿单	读者
采编人员管理书目信息	新到图书	图书采购室	进行编目处理	生成新书目信息	书库
发送图书到期催还通知	借出图书到期时间	借书记录	发送催还通知	生成催还通知	读者
发送预约图书到架通知	预约图书已到馆	预约记录	发送到架通知	生成到架通知	读者
按月生成图书借阅排行榜	月末	借书记录	统计借阅次数	生成借阅排行榜	信息发布

任务4.4　事　　物

定义系统需求用到的另一个关键概念是事物。系统需要存储相关事物的信息。结构化方法和面向对象方法对事物的描述并不相同，但不论使用哪种方法，识别和理解相关的事物都是关键的初始步骤。

4.4.1　事物的概念和类型

对于图书馆管理信息系统说，使用者在工作中需要接触到的图书、借书证、报表以及读者等都可以看做事物，这些事物也必须是系统的一部分。

在结构化分析方法中，这些事物构成了系统存储信息的相关数据。对于任何一个管理信息系统来说，需要存储的数据类型肯定是信息系统需求的一个关键方面。在面向对象方法中，这些事物就是在系统中相互交互的对象。

和定义事件一样，系统分析员应该和用户讨论他们日常工作中处理的事物类型。实实在在的事物通常很明显。在图书馆管理系统的实例中，馆藏的每一本图书都是重要的实实在在的事物。在管理信息系统中，另一类常见的事物类型是人所充当的角色，如读者、图书管理员以及系统管理员等。如图4-1所示为一些常见的事物类型。

其他类型的事物可以包括职能部门，例如图书馆的采编室、流通部等。另外，地点或位置在某些特定的信息系统中也是十分重要的。此外，有关读者预约图书、读者推荐图书等的交互行为可以看成一件事物，这一点尤其需要初学者认真理解。在图书馆管理系统的实例中，一次信息查询、一次预约图书和一次取消预约都是重要的事件。有时，这些事件被认为是事物之间的关系。例如，图书预约是读者和某本图书之间的关系。最初，系统分析员只是简单地把这些作为事物罗列出来，然后根据不同的分析和设计方法的要求对其加以调整。

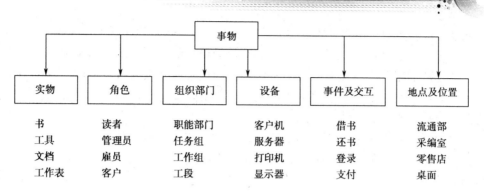

图4-1 一些常见的事物类型

系统分析员通过考察事件列表中的事件和咨询用户来确定这些事物的类型。例如，对于某个事件来说，它影响了哪些事物？因为系统需要知道这些事物并存储其信息。当读者预约图书时，系统需要存储该读者的信息、预约图书的信息以及预约信息本身的内容，如执行预约的读者和预约日期。

4.4.2 事物之间的关系

事物不是孤立存在的，事物之间通过各种关系联系起来。事物之间的很多关系对系统非常重要。例如，读者预约某本图书，这时读者和所预约的图书之间就具有一定的关系。作为图书馆管理系统，它需要存储读者和图书的信息。但同样重要的是，系统也需要存储某些关系的信息，例如，某位读者预约了某本图书，那么存储预约信息就显得非常必要了。

事物之间的联系可以用关联数目（也称为关系的基数）来表示。关系的基数可以是一对一、一对多。另外，基数是针对于关系的每一个方面提出的。例如，一位读者可能借阅多本图书，但是一本图书在同一时间只能被一位读者借阅，这时，读者和可借图书之间存在一对多的关系，而某本图书和读者之间则是一对一的关系。在面向对象的方法中，使用术语重数来表示关联的数目。在表示事物之间关系的时候，基数和重数具有相同的含义。如图4-2所示为图书馆管理系统中读者和图书以及图书和书目之间的基数/重数的例子。

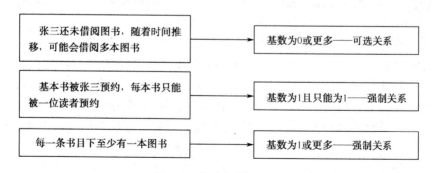

图4-2 关系的基数/重数

基数的取值范围，即基数的最小值和最大值，有时比基数本身更为重要。例如，某位读者可能从来没有借过书。在这种情况下，关联数为0，如果该读者借过一本书，此时存在一个关联，最后客户可能借 3 本甚至更多。因此，读者借书这个关系具有 0, 1 或更多的范围，通常记为"0"或"更多"。"0"是基数的最小值，"更多"是基数的最大值，这个被称为"基数的限制"。在某些情况下，基数的最小值必须为 1。例如，每条书目下至少有一本图书，否则该书目信息将成为无用信息。实际情况是，图书馆的藏书往往是同一名称的图书进购多本以方便读者借阅。

一个"一对一"的关系也可以精炼成包括最小值和最大值的基数。例如，一条预约信息由一位读者提出——如果没有读者，也不可能有预约信息。因此，1 是最小的基数值，这就是强制关系。由于每一条预约信息不可能对应多个读者，因此，1 也是最大的基数值。这种关系可以解释为"同一时间内某本书只能被一位读者预约"。

存储关系的信息和存储事物的信息同样重要。记录每位读者姓名、地址等信息固然重要，但记录该读者借出了哪些图书也同样重要，甚至更为重要。

理解事物之间的关系十分重要，这种重要性不仅体现在系统分析阶段，也体现在系统设计阶段，尤其是数据库设计阶段。

4.4.3 事物的属性

大多数信息系统都存储并使用每个事物的一些具体信息。这些特定的信息被称为属性。例如，每位读者都有姓名、所属院系、联系方式等信息。每条信息都是一个属性。系统分析员需要明确每个系统需要存储的事物属性。能唯一标志事物的属性被称为标志符或关键字。例如，读者的图书证编号、某本书的图书编号等。事实上，对事物属性的定义将对后续的设计阶段，尤其是数据库设计阶段产生重要影响。

4.4.4 数据实体和对象

到目前为止，当描述对于系统很重要的事物时，我们主要用到的例子都是系统需要存储其信息的事物。在结构化分析方法中，这些事物被称为数据实体。数据实体、数据实体之间的关系和数据实体的属性都可以使用实体——联系图来建立模型。计算机处理实体之间的相互作用、生成数据实体、修改属性值以及把一个实体和另一个实体联系起来。事实上，实体—联系图是进行数据库设计的一个重要模型。

面向对象的方法把事物看成在系统中彼此相互作用的对象。这里的对象类似于传统方法中的数据实体。二者的区别在于：系统中的对象不仅存储信息而且具有一定的功能。换句话说，对象既有属性又有行为。这个简单的差别却对认识和建立系统的方法产生了巨大的影响。在需求建模的早期阶段，它和结构化分析方法相比几乎没有什么区别。如图 4-3 所示为从数据实体和对象的角度，对结构化分析方法和面向对象分析方法进行的比较。

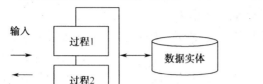

图 4-3 数据实体和对象的比较

在面向对象方法中,每个特定事物就是一个对象,例如图书馆管理系统中的某位读者或某本图书。事物的类型称为类。之所以使用"类"这个词,是因为所有的对象都要按照事物的类型来进行分类。类与类之间的联系以及类的属性可以使用类图来建立模型。此外,类图还表示出了该类对象的行为,也就是方法。

类的方法就是类的所有对象所具有的行为。行为就是对象自处理操作。对象可以在需要的时候修改自身的属性值,而不需要外部处理程序来修改这些属性值。要让一个对象执行某种操作,可以让另一个对象给该对象发送一个消息。一个对象可以给其他对象发送消息,也可以给用户发送消息。这样,整个信息系统实际上成为相互作用的对象集合。

由于每个对象都有属性值和对属性进行操作的方法,因此可以说一个对象被封装成为一个封闭的单元。

任务 4.5 实体—联系图

结构化分析方法把重点集中在系统的数据存储需求上。数据存储需求包括数据实体、数据实体的属性以及它们之间的关系。用来定义数据存储需求的模型称为实体—联系图(Entity-Relation Diagram,ERD)。

在 ERD 中,用一些规范的符号表示特定的含义。其中,矩形代表数据实体,连接矩形的直线代表数据实体之间的关系。如图 4-4 所示为一个简单的 ERD,图中有两个数据实体:学生和学院。每个学生必须属于某个学院,某个学院可以包含很多学生。从学生的角度来看,基数是一对一;从学院的角度来看,基数则是一对多。连接学生实体的直线端有一个像"鸟爪"的符号,该符号表示"多个学生"。关系线上其他的符号代表基数的最小值、最大值限制。如图 4-4 所示的模型实际上表示:一个学生只能属于一个学院,一个学院可以有多个学生。

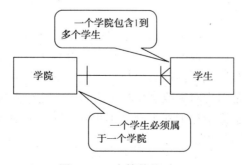

图 4-4 一个简单的 ERD

这种标记方法表示了精确的系统细节。这个限制反映了学生学籍管理的规则，作为系统分析员必须了解这个规则并通过模型准确地描述出来。

分析员在建模的过程中，常常需要对 ERD 进行细化。细化的一个方法就是分析多对多关系。如图 4-5 所示为一个多对多关系的例子。在大学中，一个学生可以注册多门课程，每门课程也可以供多个学生注册。因此，课程和学生之间是多对多关系。在很多情况下都存在多对多的关系，可以使用两端带有"鸟爪"符号的直线表示这种关系从而给这些关系建模。然而，这种看似很自然的关系模型在系统设计阶段却会遇到麻烦，这是因为关系数据库不能直接实现多对多关系。解决的办法是建立一个单独的表，该表包括了关系两端的关键字，从而使它成为连接两个具有多对多关系的纽带。

随着分析的深入，我们通常会发现多对多关系还需要存储别的数据。例如，在如图 4-5 所示的 ERD 中，每个学生选修某门课的成绩存放在什么地方呢？这是非常重要的数据。尽管模型显示了一个学生选修了哪门课程，但是模型中却没有存储成绩。解决的方法是增加一个数据实体，该实体表示学生和课程之间的关系，这种数据实体称为关联实体。没有存储的数据就作为关联实体的属性。如图 4-6 所示为包含关联实体——课程注册的扩展的 ERD，此时学生的成绩就是课程注册这个关联实体的一个属性。

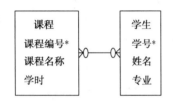 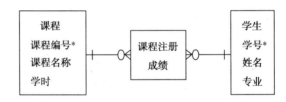

图 4-5　含有多对多关系的大学课程注册　　图 4-6　细化的包含关联实体的大学课程注册

从左向右看如图 4-6 所示的关系，这个 ERD 表示一门课程对应许多课程注册，即一门课程可以被多个学生注册，而每个课程注册又对应一个具体的学生。从右向左看，表示一个学生可以注册多门课程，而每个课程注册又对应一门具体的课程。用这个模型实现的数据库将能够产生成绩列表，列出所有学生每门课程对应的成绩以及每个学生的成绩单。

在建模的过程中，还要对 ERD 进行其他方面的细化。一个重要的细化过程是规范化，满足数据库设计过程中的 4 个范式，在这里就不再进行详细介绍了。

任务4.6　类　　　图

面向对象的方法也强调对系统中所包含事物的理解。这种方法给对象建立模型，而不是建立数据实体。和数据实体类似的是对象类也有属性和关联。基数的概念也同样适用于类。二者的差别主要在于对象既存储信息也执行系统中的实际处理过程。这些处理过程，即对象的行为，可以执行是因为对象既有属性又有方法。由于对象具有行为，因此结构化方法和面向对象方法的需求模型在形式上会大不相同。在面向对象方法中使用类型来描述事物。下面将介绍类图的相关知识。

4.6.1 用面向对象的方法分析事物

在介绍类图的具体知识之前，先介绍人们认识现实世界的两种方法：概括—具体的层次分析和整体—局部的层次分析。

人们对于现实世界事物的认识是按照它们的异同来将其分类的。概括就是把相似类型的事物进行分组，例如有很多种类的机动车辆——小汽车、卡车和坦克。所有的机动车辆都有某种共同的特点，因此机动车辆就是一个更概括的类。具体就是把不同种类的事物进行分类，例如某种小汽车中包括跑车、轿车和体育用车。这些小汽车在某些方面相似，而在其他方面却不同。因此，跑车就是小汽车中的一个具体类型。

对事物进行概括—具体的层次分析可以使用概括—具体层次图来描述，它把事物按照从最概括到最具体的顺序进行排列。如前面所介绍的那样，分类就是定义事物的类。在层次图的每个类的上面也许有更一般的类，这个类称为父类。同时，每个类的下面也许有更具体的类，这个类称为子类。如图 4-7 所示，汽车有 3 个子类，还有一个父类，即机动车辆。

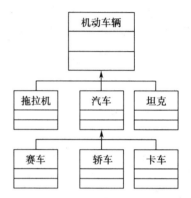

图 4-7 机动车的概括—具体层次图

允许子类共享其父类所具有的特征。如图 4-7 所示，汽车也是机动车辆，但是它有更具体的特征。赛车也是汽车，不过多了些别的特征。从这一点来看，子类继承了父类的特征。在面向对象的方法中，继承是一个关键的概念，这是由概括—具体层次图所决定的。有时，这种层次图也被称为继承层次图。

人们认识事物信息的另一种方法是，根据它们的各个部分定义它们。例如，学习计算机系统可以认识到计算机是由不同的部分组成的，这些不同的部分是处理器（CPU）、内存、键盘、硬盘和显示器等。键盘并不是计算机的一种特殊类型，而只是计算机的一个部分。然而，就键盘本身来说，它是一个完全独立的事物。整体—局部层次图描述这种分析方法，它强调对象及其组件之间的关系。

整体—局部层次图有两种类型：聚合以及合成。术语聚合用于描述一种关联形式，这种关联详细说明了集合，即整体及其组件，即局部之间的整体—局部关系，这里的各个部分都可以独立存在。如图 4-8 所示为计算机各部分之间的整体—局部（聚合）关系，图中使用空心菱形来表示聚合。术语合成用于描述更强的整体—局部关系，其中的各个部分一旦关联，就不能独立存在。常用实心的菱形符号来表示合成。

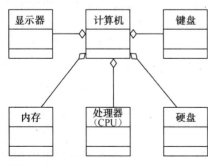

图 4-8 计算机各部分之间的整体—局部（聚合）关系

整体—局部层次图，不论是聚合或合成，都使分析员可以描述类之间关联的细微差别。对于任何关联关系，基数/重数都适用，例如计算机可以有一个或多个磁盘存储设备。

4.6.2 类图的符号

类图采用的符号基于统一建模语言（UML），这种语言已成为面向对象系统开发中建立模型的实际标准，由于在项目 2 中有详细介绍，这里不再重复。本节只介绍类图的符号。

如图 4-9 所示为由类名、属性和方法组成的类图符号。类符号用一个矩形表示，包含 3 个部分。矩形顶端是类名，中间部分列出了类的属性，下部列出了类的重要方法。如果方法是标准的，那么它们通常就不显示在类符号中。可以设想一个新读者的信息可以增加、删除和更改。

如图 4-10 所示为一个图书馆管理系统的图书—读者类图，其中读者又分为两种类型：学生读者和教师读者。在系统分析的初级阶段可以暂不考虑方法。许多分析员直到考虑对象行为时才考虑这些方法。

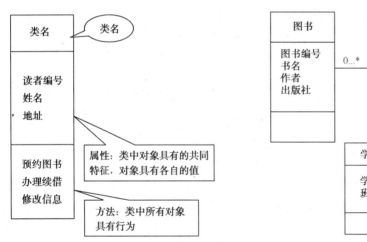

图 4-9　由类名、属性和方法组成的类图符号　　图 4-10　图书管理系统的图书—读者类图

图 4-10 中的类图包括一张概括—具体层次图：读者是父类，而学生读者和教师读者是两个子类。连接类的箭头符号表示继承。子类从父类中继承属性和行为。因此，学生读者类从读者类继承了其所有的方法以及所有的属性。类似地，教师读者类继承了同样的方法和属性。但是，教师读者类具有更多的借阅权限，从而使得一些属性和方法对这两个子类都是共有的，而其他一些属性和方法则不能共有。从类图中可以看出，一个学生读者对象具有 5 个属性，而一个教师读者对象具有 6 个属性。另外，教师读者对象除了具有一般读者所具有的方法外，还具有专业文献借阅的方法。

在这个例子中，继承就意味着当创建一个学生读者对象时就需要 5 个属性赋值，而教师读者对象需要 6 个属性赋值。学生读者对象和教师读者对象一样都可以完成基本的查询、续借、预约等活动。教师读者对象可以进行文献借阅，而学生读者对象则不可。每个对象或实例可以维护信息，并且可用于调用它的某个方法。

就像在实体—联系图中一样，读者类和图书类可以发生关联。每位读者可以借 0 或多本图书。注意，这张图在连接类的线上标明了最小和最大的重数。图中星号表示"多"，因此在读者和图书之间的重数最小可以为 0，最大可以为许多。为了说明一个强制关系，图中最小值可以为 1，最大值可以为许多。类似地，在本例的同一事件中，每一本图书只能被一位读者借出。图中也可用最小值为 0，最大值为 1 来说明可选的一对一关联。

与 ERD 相比，类图可以显示更多的需求。例如，对于课程管理系统来说，如果使用类图来描述，则课程类中应当包含一个添加课程的方法。课程注册类可以打开进行注册，然后关闭。一个学期结束后，课程注册类可以填写成绩，甚至可以设计一个邮寄成绩的方法。

4.6.3 建模的目标

在系统分析建模的过程中，使用结构化方法和使用面向对象方法建立的系统需求模型可能会有很大差异。不论使用哪一种方法，项目 4 讨论的事件和事物这两个关键概念都是建模过程的起点。在随后的项目任务中将分别讨论这两种方法，它们都是以相同的初始信息开始的。如图 4-11 所示为结构化方法和面向对象方法的需求模型。

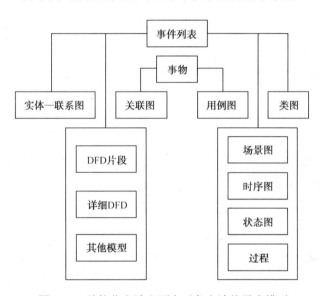

图 4-11 结构化方法和面向对象方法的需求模型

结构化方法是首先获得事件表，然后根据表中的信息生成一组数据流程图（Data Flow Diagram，DFD），这些图包括关联图、DFD 片段和详细 DFD。ERD 定义了包括在 DFD 中的数据存储需求。需求的其他信息包括数据流定义和过程描述等。

面向对象方法首先获得事件表，然后生成一组用例图和应用实例图。应用实例图和类图用于生成对象行为的其他模型，包括顺序图、状态图和其他模型。将在后面的项目中介绍这些模型。

4.6.4 需求分析规格说明书编写提纲

需求分析是系统建设的初始阶段，系统需求建模使得系统的基本功能以模型的形式更加清晰有序地显现出来。然而，仅仅建模还是不够的，需求分析阶段的成果将以需求分析说明书这样的文档来体现。下面提供一个需求分析规格说明书编写提纲供读者参考。

需求分析规格说明书编写提纲分以下6个部分。

1. 引言

（1）编写目的。
（2）背景说明。
（3）术语定义。
（4）参考资料。

2. 任务概述

（1）目标。
（2）用户特点。
（3）假定与约束。

3. 需求规定

（1）对功能的规定。
（2）对性能的规定。
① 精度。
② 时间特性。
③ 灵活性。
（3）输入输出的要求。
（4）数据管理能力的要求。
（5）故障处理要求。
（6）其他专门要求。

4. 运行环境设定

（1）设备。
（2）支持软件。
（3）接口。
（4）控制。

5. 缩写词表

6. 参考文献

小　　结

项目4介绍了建模的两种基本分析方法——结构化分析方法和面向对象分析方法以及

项目 4 软件项目需求分析

它们用来描述系统需求的模型工具。在建设管理信息系统初期需要明确系统需求，使用模型清晰完整地描述需求是有效手段，这个过程称为建模。

实 验 实 训

实训一 使用 Visio 2003 绘制流程图

1. 实训目的

（1）熟悉绘制流程图的各种图元及其含义。
（2）掌握使用 Visio 2003 绘制流程图的方法。

2. 实训内容

（1）使用 Visio 2003 绘制课程管理系统的系统流程图。
（2）完成实训报告。

3. 操作步骤

（1）选择【开始】|【程序】|【Microsoft Office】|【Microsoft Office Visio 2003】命令启动 Visio 2003，然后选择【文件】|【新建】|【流程图】|【基本流程图】命令（如图 4-12 所示）即可打开内置的 Gane-Sarson 形状任务栏。

显示的"基本流程图形状"任务栏内容，其中包括用于绘制系统流程图的常用图元。

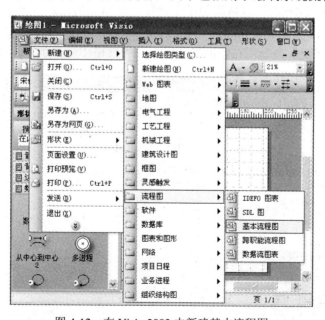

图 4-12 在 Visio 2003 中新建基本流程图

（2）拖动"基本流程图形状"任务栏中的【进程】图元到绘图区域并调整大小及位置，

双击新添加的进程图元,进入文字编辑状态,添加相应文字,如图 4-13 所示。

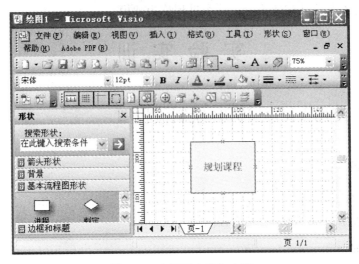

图 4-13 在图元中添加文字

(3)拖动"基本流程图形状"任务栏中的【进程】图元到绘图区域并调整大小及位置。

(4)用鼠标右键单击已添加的数据存储图元,在弹出的快捷菜单中选择【形状】|【向左旋转】命令,使图元旋转 90°以符合人们的阅读习惯。

(5)双击数据存储图元,在其中添加文字;由于经过旋转,其文字如图 4-14 所示。为了符合人们的阅读习惯,需要更改文字的显示效果。

(6)用鼠标右键单击数据存储图元,在弹出的快捷菜单中选择【形状】|【旋转文字】命令,使文字以 90°旋转,多次调整直到文字水平显示为止。

(7)用相似的方法在绘图区域添加手工操作、文档等图元。

(8)在各图元之间添加连接线,单击工具栏上的 按钮,在下拉菜单中选择【其他 Visio 方案】|【连接线】命令,在左侧"形状"任务窗格中会显示"连接线"任务栏。

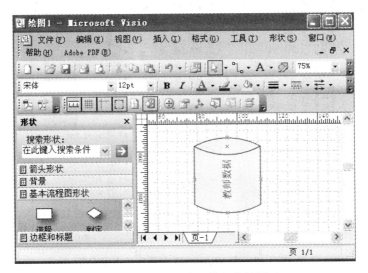

图 4-14 添加了文字的数据存储图元

项目4 软件项目需求分析

（9）选中"连接线"任务栏中的【动态连接线】图元，在需要连接的图元之间绘制一条连接线，如图 4-15 所示。

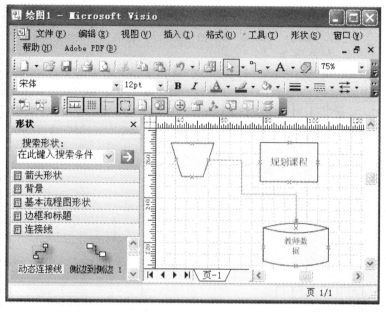

图 4-15　在需要连接的图元之间绘制一条连接线

（10）如果需要把折线调整为直线，可以用鼠标右键单击连接线，在弹出的快捷菜单中选择【直接连接线】命令。

（11）如果要把单箭头连接线变为双箭头连接线，可以用鼠标右键单击连接线，在弹出的快捷菜单中选择【格式】|【线条】命令，如图 4-16 所示。

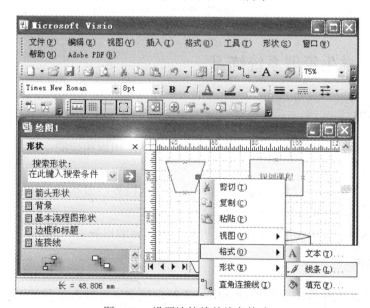

图 4-16　设置连接线的线条格式

（12）在弹出的【线条】对话框中，在【起点（B）】下拉列表框中选择【04】样式。
（13）重复以上步骤，可以绘制出课程管理系统的系统流程图，如图4-17所示。

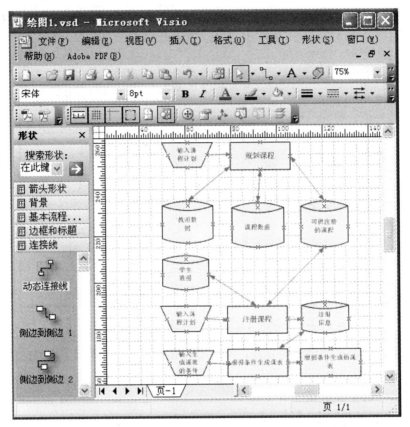

图4-17　课程管理系统的系统流程图

实训二　学生管理系统练习

1. 实训目的

（1）培养学生运用所学软件项目做需求分析的理论知识和技能，以及分析并解决实际应用问题的能力。

（2）培养学生面向客户进行调查研究的能力，获得客户对软件的功能和性能需求，并用软件工程的需求分析方法写出相关的文档。

（3）通过实训，了解UML在需求分析阶段所包含的内容。

2. 实训要求

（1）能深入所在学校的学生管理部门，了解学校学生管理人员对学生信息的需求。

（2）实训完成后，根据需求分析的结果，完成软件规格说明书。

3. 实训项目——学生管理系统

（1）完成学生管理系统的需求分析。
（2）用结构化分析法完成学生管理系统的分层数据流图。
（3）分析学生管理系统的用例，使用 UML 建模方法画出系统用例图和类图。
（4）完成学生管理系统的软件规格说明书。

习　　题

1. 选择题

（1）需求分析阶段的工作分为 4 个方面：对问题的识别、分析与综合、制定需求规格说明书和（　　）。
　　A．需求分析评审　　B．对问题的解决　　C．对过程的讨论　　D．功能描述
（2）以下不是用结构化分析方法描述系统功能模型的方法是（　　）。
　　A．数据流图　　　　B．数据字典　　　　C．加工说明　　　　D．流程图
（3）以下不是对象具有的特点是（　　）。
　　A．数据的封装性　　B．并行性　　　　　C．模块独立性好　　D．对象是被动的
（4）对象模型技术是在 1991 年由 Jame Rumbaugh 等 5 人提出来的，该方法把分析、收集到的信息构造在对象模型、动态模型和功能模型中，将开发过程分为系统分析、系统设计、（　　）和实现 4 个阶段。
　　A．对象设计　　　　B．类的设计　　　　C．模块设计　　　　D．程序设计
（5）按照层次来划分，UML 的基本构造块包含视图、图和（　　）。
　　A．功能模型　　　　B．模型元素　　　　C．示例　　　　　　D．视图元素

2. 填空题

（1）需求分析的任务是理解和表达用户的需求，_____、_____，确定软件设计的限制和软件与其他系统元素的接口细节，定义软件和其他有效性需求。
（2）系统分析是对问题的____和____的过程，分析员要回答的问题是"_____"的问题，而不是"系统应该怎么做"的问题。
（3）_____是一种面向数据流的需求分析方法。这种方法通常与设计阶段的结构化设计衔接起来使用。
（4）面向对象分析模型通常包括_____、_____和_____。
（5）_____是某些对象的模板，抽象地描述属于该类的全部对象是属性和操作。

3. 思考题

（1）什么是需求分析？需求分析阶段的基本任务是什么？
（2）什么是结构化分析方法？该方法使用什么描述工具？

（3）什么是面向对象技术？面向对象方法的特点是什么？

（4）什么是类？类与传统的数据类型有什么关系？

（5）建立分析和设计模型的一种重要的方法是 UML。UML 是一种什么样的建模方法？它如何表示一个系统？

（6）在 UML 中提供哪几种图？说明每种图所描述的内容是什么。

（7）对图书馆管理系统，用 UML 的图形符号建立该系统的用例图。

项目5 软件项目总体设计

在软件需求分析阶段已经完全弄清楚了软件的各种需求,较好地解决了所开发的软件"做什么"的问题,下一步要着手对软件系统进行设计,也就是考虑应该"怎么做"的问题。软件设计是软件项目开发过程的核心,需求规格说明是软件设计的重要输入,也为软件设计提供了基础,软件设计过程是将需求规格说明转化为一个软件实现方案的过程。

项目要点:
- 了解软件项目总体设计的任务和目标、总体设计的准则,以及软件设计原理。
- 了解结构化的软件设计方法。
- 掌握面向对象的软件设计方法。

任务 5.1 总体设计的基本内容

对于任何工程项目来说,在施工之前,都要先完成设计。从软件总体设计阶段开始正式进入软件的实际开发阶段,本阶段完成系统的大致设计并明确系统的数据结构与软件结构。软件总体设计的核心内容就是依据需求规格或规格定义,合理、有效地实现产品规格中定义的各项需求。它注重框架设计、总体结构设计、数据库设计、接口设计、网络环境设计等。总体设计是将产品分割成一些可以独立设计和实现的部分,保证系统的各个部分可以和谐地工作。设计过程是不断地分解系统模块,从高层分解到底层分解。

5.1.1 软件设计定义

软件需求描述的是"做什么"的问题,而软件设计解决的是"怎么做"的问题。软件设计是将需求描述的"做什么"问题变为一个实施方案的创造性过程,使整个项目在逻辑上和物理上能够得以实现。软件设计是软件工程的核心部分,软件工程中有三类主要开发活动:设计、编码、测试。设计是第一个开发活动,也是最重要的活动,是软件项目实现的关键阶段。设计质量的高低直接决定了软件项目的成败,缺乏或者没有软件设计的过程会产生一个不稳定的甚至是失败的软件系统。

良好的软件设计是进行快速软件开发的根本。没有良好的软件设计，会将时间花在不断的调试上，无法添加新功能，修改时间越来越长，随着给程序打上一个又一个的补丁，新的功能又需要更多的代码实现，就变成一个恶性循环了。

我们将软件设计分为两个级别：一个是概要设计（或者总体设计），另一个是详细设计。概要设计是从需求出发，描绘了总体上系统架构应该包含的组成要素。概要设计尽可能模块化，因此描绘了各个模块之间的关联。详细设计主要描述实现各个模块的算法和数据结构以及用特定计算机语言实现的初步描述，例如，变量、指针、进程、操作符号以及一些实现机制。

5.1.2 总体设计的目标与步骤

1. 总体设计的目标

根据总体设计的任务，明确设计最终达到的目标，依据现有资源，选取合理的系统解决方案，设计最佳的软件模块的结构，有一个全面而精准的数据库设计；同时制订详细的测试计划，书写相关的文档资料。

2. 总体设计的步骤

由系统设计人员来设计软件，就是根据若干规定和需求，设计出功能符合需要的系统。一个软件的最基本模型框架一般由数据输入、数据输出、数据管理、空间分析4个部分组成；但随着具体开发项目的不同，在系统环境、控制结构和内容设计等方面都有很大的差异。因此，设计人员进行总体设计时，必须遵循正确的步骤。一般步骤如下：

（1）根据用户需要，确定要做哪些工作，形成系统的逻辑模型。
（2）将系统分解成一组模块，各个模块分别满足所提出的要求。
（3）将分解出来的模块，按照是否能满足正确的需求进行分类。对不能满足正常需求的模块要进一步调查研究，以确定能否进行有效的开发。
（4）制订工作计划，开发有关的模块，并对各模块进行一致行动测试以及系统的最后运行。

5.1.3 总体设计的基本任务

1. 设计软件结构

为了实现目标系统，最终必须设计出组成这个系统的所有程序结构和数据库文件。对于程序则首先进行结构设计，具体方法如下：

（1）采用某种设计方法，将一个复杂的系统按功能分成模块。
（2）确定每个模块的功能。
（3）确定模块之间的调用功能。
（4）确定模块之间的接口，即模块之间传递的消息。

（5）评价模块结构的质量。

软件结构的设计是以模块为基础的。在需求分析阶段，通过某种分析方法把系统分解成层次结构。在设计阶段，以需求分析的结果为依据，从实现的角度划分模块，并组成模块的层次结构。

软件结构的设计是总体设计的关键一步，直接影响到详细设计与编程工作。软件系统的质量及一些整体特性都取决于软件结构的设计。

2. 数据结构与数据库设计

对于大型数据处理的软件系统，除了软件结构设计外，数据结构与数据库设计也是重要的。数据结构的设计采用逐步细化的方法，在需求分析阶段通过数据字典对数据的组成、操作约束和数据之间的关系等方面进行描述，确定数据的结构特性；在总体设计阶段要加以细化；在详细设计阶段则规定具体的实现细节。

3. 编写总体设计文档

下面介绍编写总体设计文档的内容。

（1）总体设计的说明书。总体设计阶段结束时提交的技术文档的主要内容如下。

① 引言：编写的目的、背景、定义、参考资料。
② 总体设计：需求规定、运行环境、基本设计概念和处理流程、软件结构。
③ 接口设计：用户接口、外部接口、内部接口。
④ 运行设计：运行模块组合、运行控制、运行时间。
⑤ 系统数据结构设计：逻辑结构设计、物理结构设计、数据结构与程序的关系。
⑥ 系统出错处理设计：出错信息、补救措施、系统恢复设计。

（2）数据库设计说明书。只要给出所使用的数据库管理系统（DBMS）简介，数据库概念模型、逻辑设计和结果。

（3）用户手册。对需求分析阶段的用户手册进行补充和修改。

（4）修订测试计划。对测试策略、方法和步骤提出明确要求。

4. 评审

在该阶段，对设计部分是否完整实现需求中规定的功能、性能等要求，设计方案的可行性、关键的处理及内外部接口定义的正确性、有效性，以及各部分之间的一致性都要进行评审。

5.1.4 总体设计的准则

总体设计一是要覆盖需求分析的全部内容，二是要作为详细设计的依据。总体设计过程是一系列迭代的步骤，它们使设计者能够描述要构造的软件系统的特征。总体设计与其他所有设计过程一样，受创造性技能、以往的设计经验和良好的设计灵感，以及对质量的深刻理解等一些关键因素影响，需要转变设计观点，全面提高系统可扩展性，实现工具式的可扩充功能。总体设计和建筑师的房屋设计类似，建筑师首先需要设计出房屋的整体构造，然后再细化局部，提供构造每个细节的指南。同样，软件设计提供了软件元素的组织框架图。对此，许多专家（如 Davis）曾提出一系列软件设计的原则，下面给出简单介绍。

1. Davis 的设计准则

（1）设计过程应该考虑各种可选方案，根据需求、资源情况、设计概念来决定设计方案。

（2）设计应该可以跟踪需求分析模型。

（3）设计资源都是有限的。

（4）设计应该体现统一的风格。

（5）设计的结构应该尽可能满足变更的要求。

（6）设计的结构应该能很友好地处理异常情况。

（7）设计不是编码，编码也不是设计。

（8）设计的质量评估应该是在设计的过程中进行的，而不是在事后进行的。

（9）在设计评审的时候，应该关注一些概念性错误，而不是更多地关注细节问题。

设计之前的规范性很重要，如命名规则，在设计中要尽可能提倡复用性，同时保证设计有利于测试。

2. 命名规则（Naming Rule）

软件工程技术强调规范化，为了使由许多人共同开发的软件系统能正确无误地工作，开发人员必须遵守相同的约束规范（用统一的软件开发模型来统一软件开发步骤和应进行的工作，用产品描述模型来规范文档格式，使其具有一致性和兼容性）。这些规范要求有一个规范统一的命名规则，这样才能摆脱个人生产方式，进入标准化、工程化阶段。

一般系统开发的命名遵循以下规则。

（1）变量名只能由大小写英文字母、下画线"＿"以及阿拉伯数字组成。而且第一个字母必须是大小写英文字母或者下画线，不能是数字。

（2）全局变量、局部变量的命名必须用英文字母简写来命名。

（3）数据库表名、字段名必须用英文来命名，命名应尽量体现数据库、字段的功能。

3. 术语定义

前面强调了软件工程的规范化，这不仅要求命名规则的规范和统一，而且要求系统中的关键术语具有唯一性，并且定义明确，不具有二义性。

4. 参考资料

参考资料是指书写本文件时用到的其他资料。需要列出有关资料的作者、标题、编号、发表日期、出版单位或资料来源，可包括：

（1）本项目经批准的计划任务书、合同或上级机关的批文。

（2）项目开发计划。

（3）需求规格说明书。

（4）测试计划（初稿）。
（5）用户操作手册（初稿）。
（6）本文档所引用的资料、采用的标准或规范。

参考资料的书写格式如下：

[1] 赵池龙等．实用软件工程（第2版）．北京：电子工业出版社，2006.
[2] 韩万江．软件工程案例教程．北京：机械工业出版社，2007.
[3] 毕硕本，卢桂香．软件工程案例教程．北京：北京大学出版社，2007.

5. 相关文档

相关文档是指当本文件内容变更后，可能引起变更的其他文件，如需求分析报告、详细设计说明书、测试计划、用户手册等。

一个复杂的软件系统除应具备规范的程序代码外，还应具有完备的设计文档来说明设计思想、设计过程和设计的具体实现技术等有关信息。因此，文档是十分重要的，它是开发人员互相进行通信以达到协同一致工作的有力工具，而且，按要求进度提交指定的文档，能使软件生产过程的不可见性变为部分可见，从而便于对软件生产进度进行管理。最后，通过对提交的文档进行技术审查和管理审查，可以保证软件的质量和有效的管理。必须十分重视文档工作。

一般软件开发至少具备如下文档。

（1）详细设计说明书。
（2）源程序清单。
（3）测试计划及报告。
（4）用户使用手册。

任务 5.2　结构化的软件设计

5.2.1　结构化设计的基本概念

结构化设计的关键思想是，通过划分独立的模块来减少程序设计的复杂性，并且增加软件的可重用性，以减少开发和维护计算机程序的费用。采用这种方法构筑的软件，其组成清晰、层析分明，便于分工协作，而且容易调试和修改，是系统研制较为理想的工具。下面介绍结构化设计的几个基本概念。

1. 模块

模块是在程序中的数据说明、可执行语句等程序对象的集合，或是单独命名的元素，如高级程序语言中的过程、函数和子程序等。

在软件的体系结构中，模块是可以组合、分解和更换的单元。模块具有以下几个基本特征。

（1）接口。指模块的输入、输出。
（2）功能。指模块实现什么功能。

(3) 逻辑。描述内部如何实现要求的功能及所需的数据。

(4) 状态。指该模块的运行环境，即模块的调用与被调用关系。

模块化是解决一个复杂问题时自顶向下逐层把软件系统划分若干模块的过程，是软件解决复杂问题所采用的手段。

2. 模块的独立性

模块的独立性是指每个模块只能完成系统要求的独立的子功能，并且与其他模块的联系最少且接口简单。根据模块的外部和内部特征，我们提出了两个定性的度量模块独立性的标准：耦合度和内聚度。

1）耦合度

耦合度（Coupling）是模块之间联系强弱的度量。所谓"紧耦合"是指模块之间的联系强，"松耦合"就是指模块之间的连接弱，"无耦合"是指模块之间无连接，也就是模块之相互独立。软件结构设计中的目标是努力实现松耦合系统。结构化程序设计中应包括如下方面。

(1) 联系方式的类型。其耦合度从低到高依次为：直接地控制和调用，间接地通过参数传递，公共数据，模块间的直接引用。

(2) 接口的复杂性。

(3) 联系的作用。联系传递的信息所起的作用可分为数据型、控制型和混合型三种。

2）内聚度

内聚度（Cohesion）是模块所执行任务的整体统一性的度量。内聚度标志着一个模块内各个元素彼此结合的紧密程度，它是信息隐蔽和局部化概念的自然扩展，一个好的内聚模块应当恰好做一件事。内聚度描述的是模块内的功能联系。

根据内聚度的形式和内聚度的高低不同可将内聚归结为以下7种。

(1) 偶然内聚。如果一个模块的各成分之间毫无关系，则称为偶然内聚。

(2) 逻辑内聚。如果几个逻辑上相关的功能被放在同一模块中，则称为逻辑内聚，如一个模块读取各种不同类型外设的输入。尽管逻辑内聚比偶然内聚合理一些，但逻辑内聚的模块各成分在功能上并无关系，即使局部功能的修改有时也会影响全局，因此这类模块的修改也比较困难。

(3) 时间内聚。如果一个模块完成的功能必须在同一时间内执行（如系统初始化），但这些功能只是因为时间因素关联在一起，则称为时间内聚。

(4) 过程内聚。如果一个模块内部的处理成分是相关的，而且这些处理必须以特定的次序执行，则称为过程内聚。

(5) 通信内聚。如果一个模块的所有成分都操作同一数据集或生成同一数据集，则称为通信内聚。

(6) 顺序内聚。如果一个模块的各个成分和同一功能密切相关，而且一个成分的输出作为另一个成分的输入，则称为顺序内聚。

(7) 功能内聚。如果模块的所有成分对于完成单一的功能都是必须的，则称为功能内聚。

3. 抽象

抽象是在认识复杂现象过程中使用的思维工具,即抽出事物本质的共同的特性而暂不去考虑其他的细节,不考虑其他因素。当考虑用模块化的方法解决问题时,可以提出不同层次的抽象层(Levels of Abstraction)。在抽象的最高层,可以使用问题环境的语言,以概括的方式叙述问题的解。在抽象的较低层,则采用更过程化的方法,在描述问题的解时,面向对象的术语和面向现实的术语相结合使用,最终,在抽象的最低层,可以用直接实现的方式来说明。软件工程实施中的每一步都可以看做是对软件抽象层次的一次细化,由抽象到具体进行分析并构造出软件的层次结构,可以提高程序的可理解性。

4. 信息隐蔽

信息隐蔽是软件开发的一种原则和方法。在大型程序设计中,为了实现对象的可见性控制,在分层构造软件模块时要求有些对象只在模块内部可见,在该模块外部不可见。这样,就实现了所谓信息隐蔽。例如,在自顶向下分层设计中,其较低层的设计细节都被"隐蔽"起来,不仅功能的执行机制被隐蔽起来,而且控制流程的细节和一些数据也被隐蔽起来,随着设计逐步往低层推移,其细节也逐步显露出来。在模块化设计中,接口只是功能描述,而模块本身的实现细节对外界则是不可见的,从实现的角度来说,并不影响使用它的模块,这有利于软件的重复使用。

5.2.2 结构化的设计方法

结构化的设计方法主要有功能模块划分设计、面向数据流设计、输入/输出设计等。

1. 功能模块划分设计

这种设计方法是根据功能进行分解,分解出一些模块,设计者从高层到低层一层一层地进行分解,每层都有一定的关联关系,每个模块都有特定的、明确的功能,每个模块的功能是相对独立的,同时也是可以集成的,这种方法在传统的软件工程中已经被普遍接受。模块划分应该体现信息隐藏、高内聚、松耦合的特点。如图 5-1 所示是图书馆管理系统功能模块划分的设计。

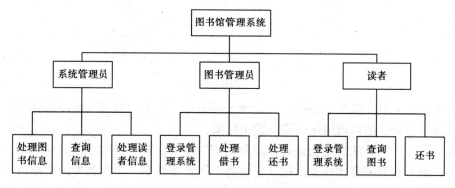

图 5-1 图书馆管理系统功能模块划分的设计

2. 面向数据流设计

面向数据流设计是基于外部的数据结构进行设计的一种方法。这种设计的目标是给出设计结构的一个系统化途径。根据数据流，采用自顶向下逐步求精的设计方法，按照系统的层次结构进行逐步分解，并以分层的数据流反映这种结构关系，能清楚地表达和容易理解整个系统。为了表达数据处理过程的数据加工情况，需要采用层次结构的数据流图，它的基本原理是系统的信息以"外部世界"的形式进入软件系统，经过处理之后再以"外部世界"的形式离开系统。面向数据流的设计方法定义了一些"映射"，利用这些"映射"可以将数据流图变换成软件结构，数据流的类型决定了映射的方法。数据流有两种基本类型：变换型数据流和事务型数据流。

变换型数据流一般可以分为三个部分：输入、处理（也称加工）和输出，如图 5-2 所示为变换型数据流设计，信息沿着输入通道进入系统，同时由外部形式变化为内部形式，进入系统的信息变换中心，经过加工处理以后，再沿着输出通道变化为外部形式，然后离开软件系统。

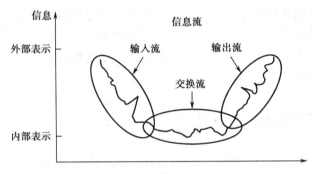

图 5-2　变换型数据流设计

事务型数据流有一个明显的事务中心，它接受一项事务，根据该事务的特点和性质，选择分配一个适当的处理单元，然后输出结果，如图 5-3 所示。

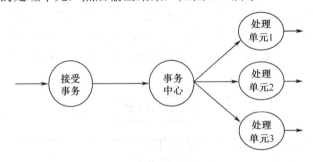

图 5-3　事物型数据流

事务中心模块首先接受事务模块，接受一项事务；接着调用调度模块选择分配处理单元，获取处理结果；然后调用输出模块输出结果。

面向数据流设计方法的过程是：在将数据流图转换成软件结构之前，先要进一步精化数据流图，然后对数据流图分类，确认是事务型还是变换型。不同类型的数据流图的设计过程是不同的。

变换型数据流的处理过程是：

（1）区分输入、处理、输出三个部分。

（2）映射成变换型软件结构。

（3）优化软件结构。

事务型数据流的处理过程是：

（1）区分事务中心，接受事务通路和各处理单元。

（2）映射成事务型软件结构。

（3）优化软件结构。

3. 输入/输出设计

这种方法类似于黑盒设计方法，它是基于用户的输入进行的设计，高层描述出用户的所有可能输入，低层描述出针对这些输入系统所完成的功能。可以采用 IPO 图表示设计过程，IPO 是"输入/处理/输出"的英文缩写。IPO 图使用的基本符号既少又简单，因此设计人员可很容易地学会使用这种图形工具。它的基本形式是在左边的框中列出有关的输入数据，在中间的框内列出主要的处理功能，在右边的框内列出产生的输出数据。在处理框中列出处理的次序，指出功能执行的顺序，但是用这些基本符号还不足以精确描述执行处理的详细情况。在 IPO 图中还用类似向量符号的箭头清楚地指出数据通信的情况。如图 5-4 所示就是一个 IPO 图的例子，通过这个例子不难了解 IPO 图的用法。

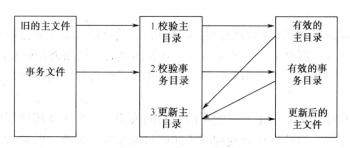

图 5-4　IPO 图的例子

5.2.3　运行环境设计

图书馆管理系统的运行环境（Running Environment）设计如下。

1. 硬件平台

（1）CPU：Pentium Ⅳ或者双 CPU。

（2）磁盘空间容量：80GB 以上。

（3）内存：512MB 以上。

（4）其他：鼠标、键盘。

2. 软件平台

（1）服务器操作系统：Windows 2000 Server/Windows 2003 Server。

（2）数据库为 SQL Server 2000 或者以上版本。

当然，这些配置不是绝对的，这里只是给出一个参考范围，具体配置需要根据用户的需要和建设经费精确计算。

任务 5.3 面向对象的软件设计

5.3.1 面向对象的设计方法

对象是真实世界映射到软件领域的一个构件，当用软件实现对象时，对象由私有的数据结构和操作过程组成，操作可以合法地改变数据结构。面向对象的设计方法表示出所有的对象类及其相互之间的关系。最高层描述每个对象类，然后（低层）描述对象的自属性和活动，描述各个对象之间的关联关系。面向对象是很重要的一个软件开发方法，它将问题和解决方案通过不同的对象集合在一起，包括对数据结构和响应操作方法的描述。面向对象有 7 个属性：同一性、抽象性、分类性、封装性、继承性、多态性、对象之间的引用。

面向对象的设计（OOD）将用面向对象分析方法建立的（需求）分析模型转化为构造软件的设计模型。这里需要了解很多面向对象开发的概念，例如类、对象、属性、封装性、继承性、多态性、对象之间的引用等以及体系结构、类的设计、用户接口设计等面向对象的设计方法。

面向对象的设计结果是产生大量的不同级别的模块，一个主系统级别的模块组成很多的子系统级别的模块，这些模块共同构成了面向对象系统。另外，面向对象的设计还要对数据的属性和相关的操作进行详细的描述。

面向对象的设计方法主要有 4 个特点：抽象性、信息隐藏性、功能独立性和模块化。尽管所有的设计方法都有极力体现这 4 个特性，但是只有面向对象提供了实现这 4 个特性的机制。

在进行对象分析和设计的时候，一般采用如下步骤：

（1）识别对象。

（2）确定属性。

（3）定义操作。

（4）确定对象之间的通信。

（5）完成对象定义。

1. 识别对象

识别对象首先需要对系统进行描述，然后对描述进行语法分析，找出名词或者名词短语，根据这些名词或名词短语确定对象，对象可以是外部实体（External Entities）、物

（Things）、发生（Occurrence）或者事件（Events）、角色（Roles）、组织单位（Organizational Units）、场所（Places）、结构（Structures）等。

下面举例说明如何确定对象。

假设我们需要设计一个家庭安全系统，这个系统的描述如下。

家庭安全系统可以让业主在系统安装时为系统设置参数，可以监控与系统连接的全部传感器，可以通过控制板上的键盘和功能键与业主交互作用。

在安装中，控制板用于为系统设置程序和参数，每个传感器被赋予一个编号和类型，设置一个主口令使系统处于警报状态或者警报解除状态，输入一个或多个电话号码，当发生一个传感器事件时就拨号。

当一个传感器事件被软件检测到时，连在系统上的一个警铃鸣响，在一段延迟时间（业主在系统参数设置阶段设置这一延迟时间的长度）之后，软件拨一个服务的电话号码，提供位置信息，报告侦查到的事件的状况。电话号码每20s重拨一次，直到电话接通为止。

所有与家庭安全系统的交互作用都是由一个用户交互作用子系统完成的，它读取由键盘及功能键所提供的输入，在LCD显示屏上显示业主住处和系统状态信息。

通过语法分析，提取名词，提出潜在的对象：房主、传感器、控制板、安装、安全系统、编号、类型、主口令、电话号码、传感器事件、警铃、监控服务等。

这些潜在对象在满足一定的条件时才可以称为正式对象，当然在确定对象的时候有一定的主观性。可依据下列6项特征来考察潜在的对象是否可以作为正式对象。

（1）包含的信息。在该对象的信息对于系统运行是必不可少的情况下，潜在对象才是有用的。

（2）需要的服务。该对象必须具有一组能以某种方式改变其属性值的操作。

（3）多重属性。一个只有一个属性的对象可能确实有用，但是将它表示成另外一个对象的属性可能会更好。

（4）公共属性。可以为对象定义一组公共属性，这些属性适用于对象出现的所有场合。

（5）公共操作。可以为对象定义一组公共操作，这些操作适用于对象出现的所有场合。

（6）基本需要。出现在问题空间里，生成或者消耗对系统操作很关键的信息外部实体，几乎总是被定义为对象。

当然，还可以根据一定的条件和需要设定潜在的对象为正式的对象，必要时可以增加对象。

2. 确定属性

为了找出对象的一组有意义的属性，可以再研究系统描述，选择合理的与对象相关联的信息。例如对象"安全系统"，其中房主可以为系统设置参数，如传感器信息、报警响应信息、启动/撤销信息、标志信息等。这些数据项表示如下：

（1）传感器信息=传感器类型+传感器编号+警报临界值。

（2）报警响应信息=延迟时间+电话号码+警报类型。

（3）启动/撤销信息=主口令+允许尝试的次数+暂时口令。

（4）标志信息=系统标志号+验证电话号码+系统状态。

对等号右边的每个数据项都可以做进一步的定义,直到基本数据项为止,由此可以得到对象"安全系统"的属性。

3. 定义操作

一个操作以某种方式改变对象的一个或多个属性值,因此,操作必须了解对象属性的性质,操作能处理从属性中抽取出来的数据结构。为了提取对象的一组操作,可以再研究系统的需求描述,选择合理的属于对象的操作。为此,可以进行语法分析,隔离出动词,某些动词是合法的操作,很容易与某个特定的对象相联系。由前面的系统描述可以知道,"传感器被赋予一个编号和类型"或者"设置一个主口令使系统处于警报状态或警报解除状态。"它们说明:

(1)一个赋值操作与对象传感器相关。
(2)对象系统可以加上操作设置。
(3)处于警报状态和警报解除状态是系统的操作。

分析语法之后,通过考察对象之间的通信,可能获得相关对象的更多的认识,对象依靠彼此之间发送消息进行通信。

4. 确定对象之间的通信

建立一个系统,仅仅定义对象是不够的,在对象之间必须建立一种通信机制,即消息。要求一个对象执行某个操作,就要向它发送一个消息,告诉对象做什么。接收消息者(对象)响应消息的过程是:首先选择符合消息名的操作并执行,然后将控制返回使用者。消息机制对一个面向对象系统的实现是很重要的。

5. 完成对象定义

前面从语法分析中选取了操作,确定其他操作还要考虑对象的生命周期以及对象之间传递的消息。因为对象必须被创建、修改、以某种方式读取或者删除,所以能够定义对象的生命周期。考察对象在生命周期内的活动,可以定义一些操作,从对象之间的通信可以确定一些操作,例如,传感器事件会向系统发送消息以显示(Display)事件位置和编号;控制板会发送一个重置(Reset)消息以更新系统状态;警铃会发送一个查询(Query)消息;控制板会发送一个消息呼叫(Call)系统中包含的电话号码等操作。

在对象中还包括了一个私有的数据结构和相关的操作,对象还有一个共享的部分,即接口,消息通过接口指定需要对象中的哪一个操作,但不指定操作怎样实现,接收消息的对象决定要求的操作如何完成。用一个私有部分定义对象,并提供消息来调用操作,就实现了信息隐藏,软件元素用一种定义良好的接口机制组织在一起。

5.3.2 系统行为——图书馆管理系统的用例图

在项目 2 中已经介绍了 UML 的基本概念,本节介绍基于 UML 的分析,首先介绍面向对象的用例图。

用例图的目的是识别如何实用系统,它是记录系统必须支持功能的简便方法。用例图在本质上是事件表的延伸。有时,可以用一个综合的用例图来描述整个系统。在某些情况下,一些小型用例图可以组成用例模型。

1. 用例、参与者以及场景

面向对象方法使用术语"用例"来描述系统对事件做出相应时所采取的行动。例如,对于图书馆管理系统,"读者借书"、"读者查询图书信息"都可以看做系统相关的用例。在用例分析里有两个重要的概念:所涉及的人和使用本系统的人。在 UML 中,这个所涉及的人被称为参与者,一个参与者总是在系统的自动化边界之外。此外,还可以通过划分角色的方法辨别参与者。在图书馆管理系统中,一位读者使用系统完成已借图书的一次续借行为,而一位图书管理员使用系统完成对逾期还书读者的罚款处理。这时,不同的人处于不同的角色,他们都是参与者。另外,同样的人可以担当许多不同的角色,例如一个具体的人,他的本职工作是图书管理员,但他也可以借阅图书馆的图书,从这一点来说,他同时也是一位读者。

用例只是表明了一个参与者与信息系统交互来完成业务活动。用例是一种高层的描述,它可能包含完成这个用例的所有步骤。我们使用活动流来描述这些步骤。活动流描述内部步骤或在一个用例中的活动,它是对用例中步骤的一个通用描述。在大多数情况下,需要进一步细化这些描述。

有时,一个用例在内部活动顺序上有多个选择。例如,是读者还是图书管理员与系统交互,这个不同可以使"续借图书"这个用例有不同的任务顺序,这就是相同的一个用例有不同的任务顺序。这些不同的顺序叫做场景。场景是对在一个用例中的一套内部活动的识别和描述,一个用例可能有多个不同的场景,它代表通过用例的唯一途径。在图书馆管理系统中,用例"续借图书"至少有两个场景:一个名为"读者使用网络完成续借",另一个名为"读者在流通台请图书管理员完成续借"。

2. 用例和参与者的关系以及用例之间的关系

用例与其参与者发生关联,这种关系称为关联关系。此外,用例之间还可以具有系统中的多个关系,这些关系包括关联关系、包含关系、扩展关系和泛化关系。应用这些关系的目的是从系统中抽取出公共行为及其变体。

1)关联关系(Association)

关联关系描述参与者与用例之间的关系。在 UML 中,关联关系使用箭头来表示,如图 5-5 所示。图 5-6 所示为读者及其用例之间的关联关系。

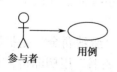

图 5-5 参与者与用例之间的关系

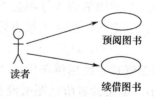

图 5-6 读者及其用例之间的关联关系

2）包含关系（Include）

虽然每个用例的实例都是独立的，但是一个用例往往可以用其他更简单的用例来描述，这点有些类似于通过继承父类并增加附加描述来定义一个子类。一个用例可以简单地包含其他用例具有的行为，并把它所包含的行为作为自身行为的一部分，这被称为包含关系。在这种情况下，新的用例不是初始用例的一个特殊的例子，并且不能被初始用例所代替。在 UML 中，包含关系表示为虚线箭头加"<<include>>"字样，箭头指向被包含用例，如图 5-7 所示。

包含关系把几个用例的公共部分分离成一个单独的被包含用例。被包含用例称为提供者用例，包含用例称为客户用例，提供者用例提供功能给客户用例使用。用例之间的包含关系允许把提供者用例的行为包含到客户用例的事件中。

包含关系在如下场合中使用。

（1）如果两个以上用例有大量一致的功能，则可以将这个功能分解到另一个用例中，其他用例可以和这个用例建立包含关系。

（2）一个用例的功能太多时，可以使用包含关系建立若干个更小的用例。

要使用包含关系就必须在客户用例中说明提供者用例行为被包含的详细位置，这一点有些类似于功能调用。

在图书馆管理系统用例图中，"查询图书信息"的功能在"读者预约图书"过程中使用，无论如何处理"读者预约图书"用例，总要运行"查询图书信息"用例，因此二者具有包含关系。用例之间的包含关系实例如图 5-8 所示。

图 5-7 用例之间的包含关系　　　　图 5-8 用例之间的包含关系实例

3）扩展关系（Extend）

一个用例可以被定义为基础用例的增量扩展，称为扩展关系。扩展关系是把新的行为插入已有用例中的方法。同一个基础用例的几个扩展用例可以在一起应用。使用扩展关系增加了基础用例原有的语义。在 UML 中，扩展关系表示为虚线箭头加"<<extend>>"字样，箭头指向被扩展用例，即基础用例，如图 5-9 所示。

与包含关系不同的是，基础用例即使没有扩展也是完整的。另外，一个用例可能有多个扩展点，每个扩展点可以出现多次。与包含关系相比，对于扩展关系来说，更为普遍的情况是，基础用例的执行不会涉及扩展用例，只有在特定条件下，扩展用例才被执行。从这个角度来讲，扩展关系为处理异常或构建灵活的系统框架提供了一种十分有效的方法。

在图书馆管理系统用例图中，"还书"是基础用例，"缴纳罚金"是扩展用例。如图 5-10 所示。如果读者所借图书没有逾期，则直接执行"还书"用例即可；如果所借图书逾期后才归还，则读者还需要按规定缴纳一定的罚金才能完成还书的行为。但是，正常的"还书"用例不具备这样的功能，如果更改"还书"用例的设计，则势必会增加系统的复杂性。这时,可以在"还书"用例中增加扩展点,在逾期归还的情况下将执行扩展用例"缴纳罚金",这种处理方式使得系统更容易被理解,也符合面向对象方法的运作机制。

图 5-9　用例之间的扩展关系　　　　　图 5-10　用例之间的扩展关系实例

4)泛化关系(Generalization)

泛化是指一个用例可以被列举为一个或多个子用例,当父用例能够被使用时,任何子用例也可以被使用。如果系统中的一个或多个用例是某个一般用例的特殊化时,就需要使用用例的泛化关系。在 UML 中,用例的泛化用一个三角箭头从子用例指向父用例来表示,如图 5-11 所示。

在用例的泛化中,子用例表示父用例的特殊形式。子用例从父用例处集成行为和属性,还可以添加、覆盖或改变继承的行为。在图书馆管理系统用例图中,父用例是"续借图书",其两个子用例分别是"网上续借"和"流通台续借",如图 5-12 所示。

图 5-11　用例之间的泛化关系　　　　　图 5-12　用例之间的泛化关系实例

3. 图书馆管理系统的用例图

下面将以图书馆管理系统的用例分析为例,介绍基于 UML 的用例分析过程。该过程分为确定系统总体信息、确定系统参与者和确定系统用例三个步骤。

(1)确定系统总体信息。图书馆管理系统对图书借阅和读者信息进行统一管理,主要处理功能包括读者进行图书信息查询、借书、还书、预约图书、续借图书;图书管理员处理读者借书、还书以及续借图书、读者信息查询、图书信息查询;系统管理员进行系统维护,主要有添加书目信息、删除书目信息、更新书目信息、添加图书信息、删除图书信息、更新图书信息、添加用户账户、删除用户账户、更新用户账户、图书信息查询、用户信息查询。系统的总体信息确定之后可以进一步分析系统的参与者。

(2)确定系统参与者。确定参与者首先需要分析系统所涉及的问题域和系统运行的主要任务,这一步主要分析使用该系统的是哪些人?谁需要该系统的支持完成其工作?系统的管理和维护由谁来完成?

通过对图书馆管理系统的需求分析可以确定以下几点。

① 图书馆主要是为读者服务，读者的参与必不可少。读者完成的首要功能是借书、还书的操作。另外，读者可以进行登录系统、查询图书信息、完成预定、续借图书的操作。

② 对于图书馆管理系统来说读者所发出的借书、还书操作还需要图书管理员来进行处理，另外对逾期罚款、丢失赔偿的处理也需要图书管理员来完成。

③ 作为一个管理信息系统，信息系统相当重要，维护相关的操作主要包括添加书目信息、删除书目信息、更新书目信息、添加图书信息、删除图书信息、更新图书信息、添加用户账户、删除用户账户、更新用户账户、图书信息查询、用户信息查询等。

通过以上分析可以看到，系统的主要参与者分为三类：读者、图书管理员和系统管理员。需要注意的是在确定系统参与者的过程中，不能把参与者列成如张三、李四这样具体的人，而应该标志这些人的角色。另外，在一个系统中同一个人可以有多个特定的角色，这一点在前面也已经强调过。理解和确定系统所有可能使用的角色是很重要的。

（3）确定系统用例。确定系统用例有两个切入点，最常用的方法是使用事件表。我们分析事件表的每一个事件以阶段系统支持这个事件的方式、初始化这个事件的参与者，以及由于这个事件而可能出发的其他用例。通常，每一个事件都是一个用例，但有时一个事件可能产生多个用例。确定系统用例的另一个切入点是确定所有使用系统的参与者。这部分内容在上一步已经介绍了。

针对图书馆管理系统，由于存在读者、图书管理员和系统管理员 3 个角色的参与者，所以在用例分析的过程中可以把系统分为 3 个用例图分别加以考虑。下面分别介绍这 3 种参与者的相关用例。

（1）读者请求服务的用例：

① 登录系统。

② 查询个人借阅信息。

③ 更新个人信息。

④ 查询图书信息。

⑤ 借出图书。

⑥ 归还图书。

⑦ 预约图书。

⑧ 续借图书。

⑨ 逾期缴纳罚金。

读者请求服务的用例图如图 5-13 所示。

事实上，随着系统分析的进一步深入，我们会发现在现实世界中所说的由读者完成的借书和还书过程在图书馆管理系统中是由图书管理员协助完成的，这种人工处理与电子处理的转化是我们在系统分析中需要认真考虑的。

（2）图书管理员处理服务的用例：

① 处理读者借出图书。

② 处理读者归还图书。

③ 处理读者续借图书。

④ 处理图书逾期罚款。

⑤ 处理图书丢失赔偿。
⑥ 验证读者账号。
⑦ 删除图书预约信息。

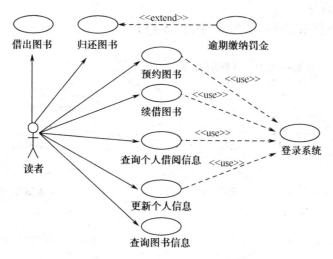

图 5-13 读者请求服务的用例图

图书管理员处理服务的用例图如图 5-14 所示。

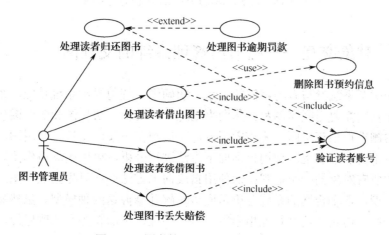

图 5-14 图书管理员处理服务的用例图

（3）系统管理员进行系统维护的用例：
① 查询用户（读者、图书管理员、系统管理员）信息。
② 添加用户信息。
③ 删除用户信息。
④ 更新用户信息。
⑤ 查询图书信息。
⑥ 添加图书信息。
⑦ 删除图书信息。
⑧ 更新图书信息。

⑨ 查询书目信息。
⑩ 添加书目信息。
⑪ 删除书目信息。
⑫ 更新书目信息。

系统管理员进行系统维护的用例图如图 5-15 所示。

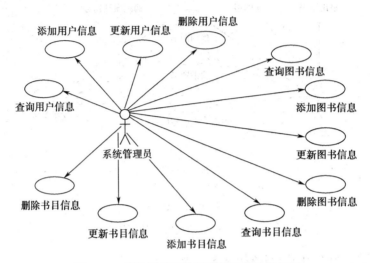

图 5-15　系统管理员进行系统维护的用例图

5.3.3　对象交互——图书馆管理系统的交互图

用例图表明了系统参与者与用例的关系，明确了系统边界和系统功能。系统内部各对象之间如何交互则需要用顺序图和协作图来描述。事实上，协作图和顺序图包含相同的信息，但它们的侧重点稍有不同。协作图强调对象交织在一起以支持一个用例，而顺序图把重点放在消息本身的细节上。使用自顶向下方法进行分析，可以先画协作图以得到协作执行一个用例的所有对象的一个概观；而使用自底向上方法往往只先画顺序图。但是，两者都是有用的模型，一个合格的系统分析员应该理解并掌握这两种模型。虽然顺序图比协作图稍微复杂一些，但它在这个行业里用得更多。因此，下面首先介绍顺序图，然后再介绍协作图。

由于用例图不显示系统的流入、流出及其内部消息，为了在面向对象建模过程中定义信息流，需要进入下一层，即交互图。交互图把类图中的对象和用例图中的参与者结合在一起。一个特定的顺序图记录了一个用例或一个场景的信息流。作为定义面向对象需求第一步的用例并不标志每一个对象。顺序图把在类图中确定的类和用例联系起来。

1. 顺序图的基本构成

顺序图（Sequence Diagram）描述了对象之间传递消息的时间顺序。它包含 4 个元素，分别是对象（Object）、生命线（Lifeline）、消息（Message）和激活（Activation）。

在 UML 中，顺序图将交互关系表示为二维图。其中，纵轴表示时间，时间沿竖线向下延伸。横轴代表在协作中各个独立的对象。当对象存在时,生命线用一条虚线表示,当对象的过程处于激活状态时,生命线用一个长条矩形表示。消息用从一个对象的生命线到另一个对象的生命线的箭头表示,箭头按时间顺序在图中从上到下排列。

下面以图书馆管理系统中读者预约图书的顺序图(如图 5-16 所示)为例。首先,读者对象向书目对象发送"查询书目信息"的消息,以确认是否有这种图书;然后,由书目对象向图书对象发送"查询图书信息"消息以确认该种图书的可预约状态,图书对象使用"返回确认结果"消息把可预约状态发送给读者对象,读者对象向"预约列表"对象发送"添加预约信息"消息完成一次预约图书的过程。为了方便读者理解,这里使用了中文文字对对象和消息进行了描述,随着建模过程的细化,这些对象和消息将用更接近开发平台的语法形式描述出来。

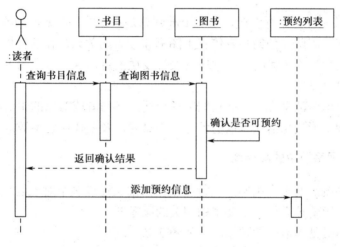

图 5-16 读者预约图书的顺序图

2. 如何开发顺序图

为了用正确的思维过程来开发顺序图,必须先多了解一些面向对象方法程序的执行过程。一个面向对象的程序包含一组交织在一起的对象,并且每个对象的属性通常是隐藏的或私有的。为了看到和修改任何属性,必须给对象发送消息请求服务。在一个对象内的程序逻辑只在这个对象的属性和部件内工作。例如,为了更新读者姓名,就要对这个读者对象发送消息,该消息可以这样描述:"请使用我们发送的消息更新该读者对象的姓名"。这个消息的语法可以这样表示:"updateReader(更新读者)"。

又例如,系统管理员新增一条读者信息后,系统将在读者列表中增加一行条目,我们给读者类发送创建(Create)消息并带上需要的参数。Create 方法就可以激活并创建一个新的读者对象。

开发顺序图可遵守以下步骤。

(1)确定所有与场景有关的对象和参与者。只使用在用例图中标志过的参与者,只使用在类图中标志过的对象。如果要使用以前的图中没有定义的对象和参与者,则要更新那些图。

（2）基于活动流确定每一个需要用于完成场景的消息。同时，标志消息的源对象或参与者和目的对象或参与者。对于初学者来说，可能不习惯于用面向对象的概念进行思维。需要记住的是，对象只能对它自己进行操作。例如，如果想查看借书条目的数量时，只有借书列表对象本身可以做这件事，读者对象、图书对象以及其他对象和参与者都不能做这件事。因此，必须存在带有目的对象是借书列表对象的消息。

另外，如何标志消息的源可能显得更困难一些。可以采纳一些准则来帮助我们识别消息的源。

① 识别需要服务的对象。
② 识别有权访问所需输入参数的对象。
③ 如果在类图中有一对多的关联关系，则通常在一端的对象会创建并发送消息给许多其他端的对象。

当独立/依赖关系在类中存在时，第三个准则总是正确的。例如，预约列表在没有预约发生时不可能存在。因此，预约列表依赖于图书和读者的关系。在这种情况下，总是要通过被独立的类（读者）给依赖的类（预约列表）发送消息，这一点从图5-16"读者预约图书的顺序图"中可以看出。

（3）正确地为这些消息排序并把它们附在合适的参与者或对象的生命线上。
（4）给消息加上形式化语法以描述条件、消息名以及要传递的参数。

3. 图书馆管理系统中的顺序图

图书馆管理系统涉及多个用例，而每个用例内部又通过多个对象的交互来完成业务逻辑。下面介绍图书馆管理系统中主要用例相关的顺序图。

（1）图书管理员处理借书的顺序图，如图5-17所示。

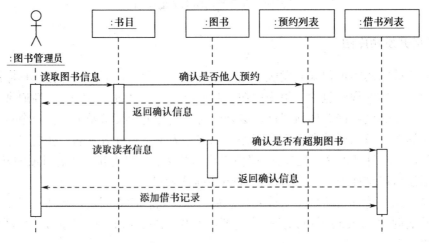

图5-17 图书管理员处理借书的顺序图

（2）图书管理员处理还书的顺序图，如图5-18所示。

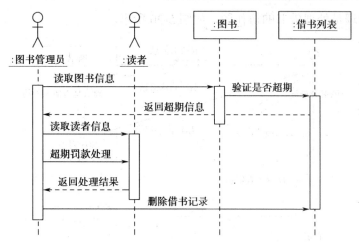

图 5-18 图书管理员处理还书的顺序图

（3）读者续借图书的顺序图，如图 5-19 所示。

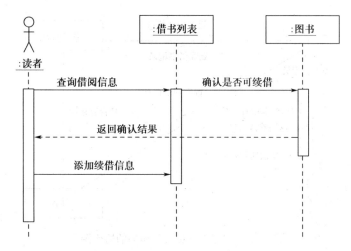

图 5-19 读者续借图书的续借图

（4）读者预约图书的顺序图，如图 5-16 所示。

4. 图书馆管理系统中的协作图

协作图的主要作用是快速浏览相互协作，用来支持一个特定场景的所有对象。协作图的参与者、对象和消息都使用了与顺序图相同的符号，只是没有使用生命线符号，而使用了一个不同的符号：链接符号。由于没有生命线表明场景消息的时间，所以用数字顺序标号来显示每一个消息的顺序。在对象之间或在参与者与对象之间的连线表示链接。在一个协作图中，链接表示两个对象共享一个消息——一个发送消息或一个接收消息。连线在本质上仅仅用于传递消息。可以把它们想象为用于传输消息的线缆。协作图的重点是描述参与者和对象之间的协作，尽管图中也包含了消息信息，但它的重点仍然是协作本身。

下面将给出图书馆管理系统中的协作图，请读者与对应的顺序图对比来体会两种图的区别和联系。

（1）图书管理员处理借书的协作图，如图5-20所示。

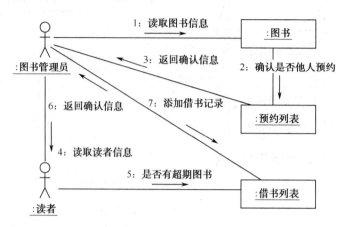

图5-20　图书管理员处理借书的协作图

（2）图书管理员处理还书的协作图，如图5-21所示。

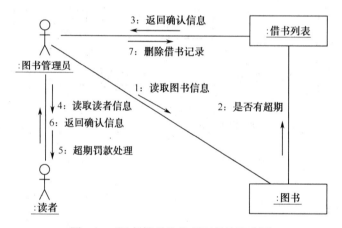

图5-21　图书管理员处理还书的协作图

（3）读者续借图书的协作图，如图5-22所示。

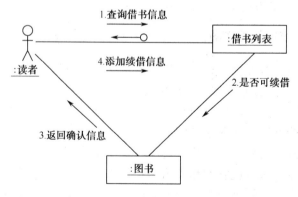

图5-22　读者续借图书的协作图

其中，↗表示某个消息发送到某个对象后需要返回一个消息结果。

（4）读者预约图书的协作图，如图 5-23 所示。

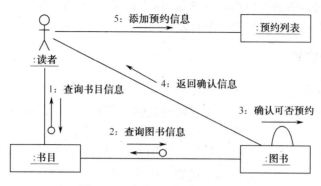

图 5-23　读者预约图书的协作图

5.3.4　对象行为——图书馆管理系统的状态图

顺序图给出了对象行为的一个客观的分析。它标志了对象发送和接收的消息。但是，当一个对象接收到消息时，它应该做些什么呢？这时，需要用到状态图。状态图用来描述对象的内部工作机制。系统类图中的每一个类有它自己唯一的状态图。状态图是基于类图和顺序图的信息开发出来的。

在面向对象方法中，对象如何执行动作叫做对象行为。每个对象是类的一个实例，每个对象有完整的生命周期，即从创建到销毁。一个对象在系统中以某种方式开始存在，在它的生命周期中，它处于某种状态并且会从一个状态转换到另一个状态。这些状态以及从一个状态到另一个状态的转换在状态图中显示出来。

1. 对象状态和状态转换

对象状态是指对象在生命周期中满足某些标准、执行一些行为或等待一个事件时的存在条件。每个状态有一个唯一的名称。

状态用一个圆角矩形表示，其内部是状态的名称。在某个状态期间需要执行的任何动作都要放在圆角方框内部的状态名称之下。如图 5-24 所示为两个状态的例子，它是机床状态图的一部分，其中的箭头表示转换。

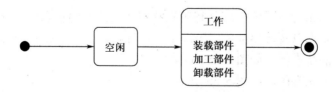

图 5-24　两个状态的例子（机床状态图的一部分）

注意，第一个状态是"空闲"状态，它里面没有包含动作，机器正处于"空闲"状态，没有做任何事情。第二个状态是"工作"状态。"工作"状态是一个活动的状态，在这个状态下，机器可以完成装载部件、加工部件和卸载部件的行为。

在图 5-24 中，使用两个特别的状态来表明状态图的开始和结束。一个黑圆圈表示初始状态，它表明进入状态图的入口点。内部涂黑的同心圆表示结束状态，这个状态表示从状态图中退出，通常表示从系统删除一个对象。

2. 如何开发状态图

状态图是新系统的分析员要开发的比较复杂的图。在学习和开发过程中遇到困难时，千万不要泄气。通常，分析员面临的主要问题是如何识别对象的正确状态。把自己假设成一个对象，可能会有些帮助。对于图书馆管理系统来说，假设自己是一位读者并不困难。但是如果说，"我是一本图书"或"我是一次图书借出过程，我如何开始？我处于什么状态？"这对于初学者来说可能是有点困难的。但是，如果开始使用这种方法来思考了，它可能对学会开发状态图有所帮助。记住：开发状态图是一个反复的过程，与开发其他类型的图相比更应该如此。不要要求自己进行一次分析就能得到正确的状态图。状态图都是在分析过程中逐步修改完善的。

在分析过程中遵循以下步骤会对状态图的开发有所帮助。

（1）检查类图并选择需要状态图的类。可以假设所有的类都需要状态图。对于图书馆管理系统来说，可以从具有简单状态图的类开始，如图书类。另外，可以从一个场景或用例内一起工作的几个类开始分析。

（2）标志所选类的全部顺序图的所有输入信息。例如，对于图书馆管理系统，图书类涉及的顺序图包括读者预约图书、读者续借图书以及图书管理员处理借还书等几个顺序图。这些用例和场景提供了标志进出一个类的消息的基础。以此为基础，分析员可以辨别转换的最小集合，以后可能还要加入其他转换，但这个集合是一个很好的起点。

（3）对于每个所选的类，为能辨别的所有状态画一个列表，辨别这些状态并开始，使活动与这些状态相关联。

（4）建立状态图片段并把这些片段按正确的顺序排列。这个过程与开发 DFD 片段时所做的工作类似。

（5）回顾路径并查找独立的、并行的路径。

（6）使用适当的消息和行动表达式扩展每一个转换。在每一个状态中包含适当的内部转换和行动表达式。

3. 图书馆管理系统的状态图

本节将介绍图书馆管理系统中部分有明确状态转换的类的状态图，这些类包括图书类和读者类，对象的状态以及转换都使用了汉字加以说明，以方便读者理解。

（1）图书对象的状态图，如图 5-25 所示。

（2）读者对象的状态图，如图 5-26 所示。

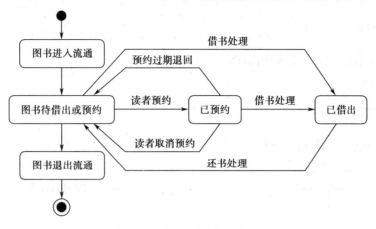

图 5-25　图书对象的状态图

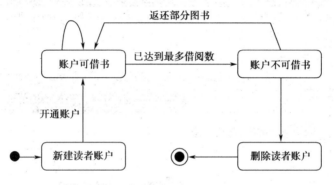

图 5-26　读者对象的状态图

小　　结

项目 5 分别介绍了面向结构化设计方法及面向对象设计方法，以图书馆管理系统为案例，以面向对象设计方法为重点，运用 UML（统一建模语言），详细描述了对系统行为、对象交互和对象行为几个方面进行建模的过程。

实 验 实 训

实训一　使用 Rational Rose 绘制图书馆管理系统的用例图

1. 实训目的

（1）掌握使用 Rational Rose 绘制用例图的方法。
（2）熟悉系统用例图的分析方法。

2. 实训内容

（1）绘制图书馆管理系统的用例图。
（2）完成实训报告。

3. 操作步骤

（1）新建用例图及定制工具栏。

① 启动 Rational Rose，在 Browser 窗口的树形列表中选择【Use Case】|包并用鼠标右键单击，在弹出的快捷菜单中选择【New】|【Use Case Diagram】命令，如图 5-27 所示。

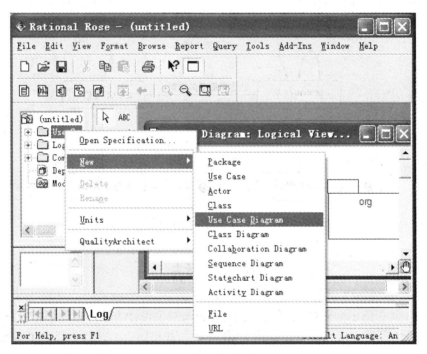

图 5-27 新建用例图

② 在 Browser 窗口中出现【New Diagram】用例图文件名，将【New Diagram】更名为【Library】（如图 5-28 所示），并双击图标，在 Diagram 窗口中出现以【Use Case Diagram: Use Case View/ Library】为标题的窗口，可以在该窗口中绘制用例图。

③ 在如图 5-28 所示的窗口中，Rational Rose 系统根据不同的模型图提供了不同的编辑工具栏。在使用过程中，如果找不到需要使用的操作图标，则可以对工具栏进行定制。定制编辑工具栏的方法如下。

项目 5 软件项目总体设计

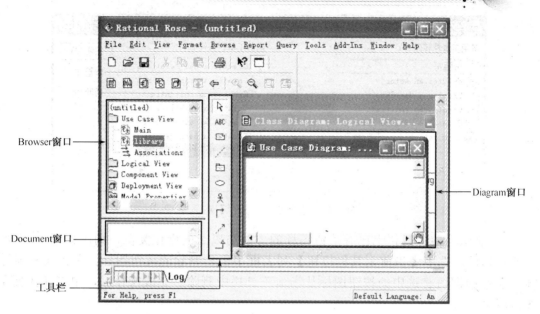

图 5-28 更名为【Library】

选择【Views】|【Toolbars】|【Configure】命令，弹出【Options】对话框（如图 5-29 所示）。

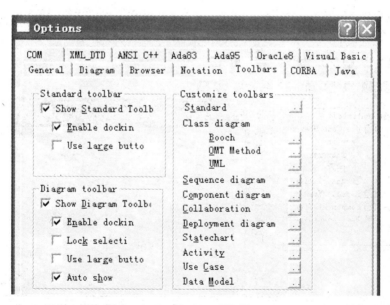

图 5-29 【Options】对话框

在【Toolbars】选项卡中有多种可供选择的工具栏设置按钮，单击需要设置内容旁边的按钮，可打开相应的【自定义工具栏】对话框（如图 5-30 所示）。

根据需要在该对话框的【可用工具栏按钮】列表框中选择需要添加的按钮图标，单击【添加（A）→】按钮即可将选中的按钮图标添加到当前工具栏中。完成操作后，单击【关闭】按钮即可。

图 5-30 【自定义工具栏】对话框

④ 删除当前工具栏上已有按钮图标的方法与以上的操作类似，调出如图 5-30 所示的对话框，选中【当前工具栏按钮】列表框中需要删除的按钮图标，单击【←删除（R）】按钮即可将选中的按钮图标从当前工具栏中删除。完成操作后，单击【关闭】按钮即可。

（2）向用例图中添加角色。

① 在绘图工具栏中单击表示角色的 按钮，用鼠标在绘图区单击即可绘制出一个名为【NewClass】的角色。此时，可将角色名改为【读者】，如图 5-31 所示。

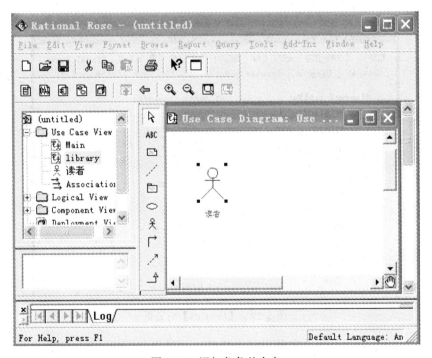

图 5-31 添加角色并命名

② 为角色更名的另一种方法是双击或用鼠标右键单击角色，调出【Class Specification for 读者（角色设置）】对话框（如图 5-32 所示），在其中可对角色进行设置。

项目 5　软件项目总体设计

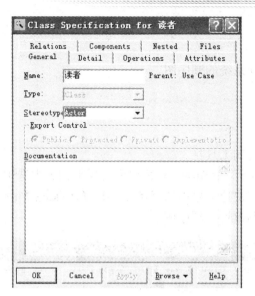

图 5-32　【Class Specification for 读者（角色设置）】对话框

（3）建立用例。

① 在绘图工具栏中单击用例按钮 ，用鼠标在绘制图区单击一个名为【NewUseCase】的用例，此时可将其命名为【借书】。

② 另一种对用例更名的方法是双击或用鼠标右键单击用例，调出【Use Case Specification for…（用例设置）】对话框，可以对用例做进一步的设置。

（4）建立角色、用例以及用例之间的关系。

角色、用例以及用例之间的关系是在系统需求分析阶段定义的。用例图绘图工具栏中提供了两种常用的关系工具：使用 按钮可表示角色和用例之间的关联关系，使用 按钮可表示用例之间的依赖关系，如包含、扩展等关系。

① 单击绘图工具栏中的关系按钮，然后在绘图区域连接需要创建关系的图例即可创建一个关系。

② 双击或用鼠标右键单击绘图区中已经建立的关系，可以调出【Association Specification for…（关联关系设置）】对话框，如图 5-33 所示。

图 5-33　【Association Specification for…（关联关系设置）】对话框

实训二　使用 Rational Rose 绘制图书馆管理系统的顺序图

1. 实训目的

（1）掌握使用 Rational Rose 绘制顺序图的方法。
（2）熟悉系统顺序图的分析方法。

2. 实训内容

（1）绘制图书馆管理系统的顺序图。

（2）完成实训报告。

3. 操作步骤

（1）新建顺序图及定制工具栏。

① 启动 Rational Rose，在 Browser 窗口内的树形列表中选中【Logical View】包，用鼠标右键打击，在弹出的快捷菜单中选择【New】|【Package】命令（如图 5-34 所示）新建一个包，命名为"图书馆管理顺序图"。

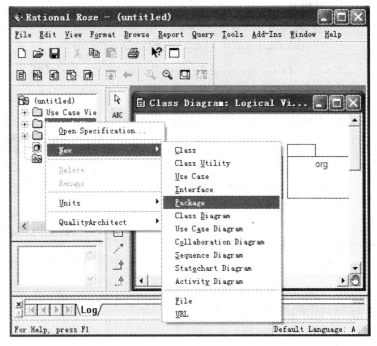

图 5-34　新建顺序图包

② 用鼠标右键单击 Browser 窗口中新生成的包，在弹出的快捷菜单中选择【New】|【Sequence Diagram】命令（如图 5-35 所示），新建一个顺序图，命名为"读者预约图书"。

③ 双击 Browser 窗口中新生成的【读者预约图书】顺序图文件，在 Diagram 窗口中打开该文件，可在该窗口中绘制顺序图。

④ 定制工具栏的方法请参照实验一中的相关内容。

（2）向顺序图中添加对象。

① 单击绘图工具栏上的 按钮，在绘图区单击即可绘制一个新的对象，用鼠标右击该对象，在弹出的快捷菜单中选择【Open Specification…】命令打开【Object Specification for Untitled（对象设置）】对话框（如图 5-36 所示），可对该对象做进一步的设置。

项目5 软件项目总体设计

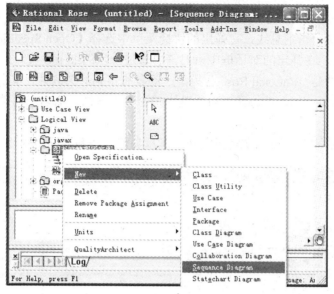

图 5-35 新建顺序图

② 另一种添加对象的方法是在 Browser 窗口的树形列表中找到相应的所属类,将它们依次拖到绘图区中即可。选中 Browser 窗口中【Use Case View】下的"读者",然后按住鼠标拖动到绘图区(如图 5-37 所示),松开鼠标后即可绘制相应的对象。

图 5-36 【Object Specification for Untitled (对象设置)】对话框

图 5-37 直接将类图标拖动到绘图区

(3)添加对象之间的消息。

添加对象后,还要在对象之间添加消息。根据消息类型的不同,在绘图工具栏上单击不同的消息按钮后,在绘图区连接两个对象即可。

① 单击绘图工具栏上的→按钮,鼠标指针变为↑形状后,在绘图区表示需要传递消息的对象下方的垂直虚线之间画线连接,松开鼠标之后即绘制出一条连接两个表示对象存

在周期的矩形长条之间的消息线,如图 5-38 所示。

② 用鼠标右键单击消息线,在弹出的快捷菜单中选择【Open Specification...】命令或直接双击该消息线,在弹出的对话框中可对消息做进一步的细节设置。

③ 值得一提的是,Rational Rose 各模型之间具有很强的关联性,单击下拉箭头即可显示发出消息对象所具有的一些方法,可以从中选择某个方法来命名当前消息,也可以输入文字来为消息命名。

④ 根据设计的需要,可以在对象之间绘制反身消息线和返回消息线。

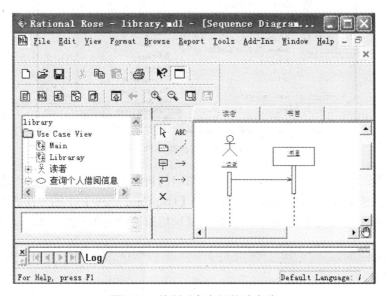

图 5-38　绘制对象之间的消息线

实训三　使用 Rational Rose 绘制图书馆管理系统的状态图

1. 实训目的

(1) 掌握使用 Rational Rose 绘制状态图的方法。
(2) 熟悉系统状态图的分析方法。

2. 实训内容

(1) 绘制图书馆管理系统的状态图。
(2) 完成实训报告。

3. 操作步骤

(1) 新建状态图及定制工具栏。

① 启动 Rational Rose,在 Browser 窗口内的树形列表中选中【Logical View】包,单击鼠标右键,在弹出的快捷菜单中选择【New】|【Package】命令(如图 5-39 所示)新建一个包,命名为【图书馆管理状态图】。

项目 5　软件项目总体设计

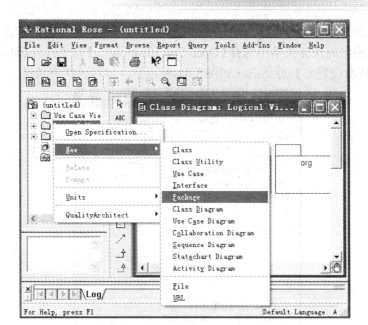

图 5-39　新建状态图包

② 用鼠标右键单击 Browser 窗口中新生成的包，在弹出的快捷菜单中选择【New】|【Statechart Diagram】命令（如图 5-40 所示）新建一个状态图，命名为【读者对象状态】。

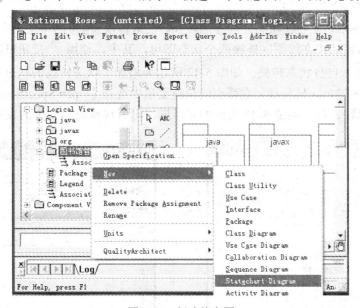

图 5-40　新建状态图

③ 双击 Browser 窗口中新生成的【读者对象状态】状态图文件，在 Diagram 窗口中打开该文件，可在该窗口中绘制状态图。

④ 定制工具栏的方法请参照实验一中的相关内容。

（2）向状态图中添加状态。

① 单击绘图工具栏上的 ● 按钮或 ◉ 按钮，在绘图区单击即可绘制一个开始状态或结束状态。

② 单击绘图工具栏上的 按钮，在绘图区单击即可绘制一个新的状态，用鼠标右键单击该状态，在弹出的快捷菜单中选择【Open Specification …】命令打开【State Specification for NewState（状态设置）】对话框（如图 5-41 所示），可对该状态做进一步的设置。

图 5-41　【State Specification for NewState（状态设置）】对话框

（3）添加状态之间的转换。

① 添加状态后，还要在状态之间添加转换。根据转换类型的不同，在绘图工具栏上单击不同的转换按钮后，在绘图区连接两个状态即可。其中，使用 按钮可表示状态转换，使用 按钮可表示自身状态转换。如图 5-42 所示为添加了状态转换的状态图。

② 用鼠标右键单击转换线，在弹出的快捷菜单中选择【Open Specification …】命令或直接双击该转换线，打开如图 5-43 所示的对话框，可对转换做进一步的设置。

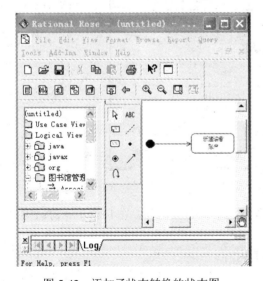

图 5-42　添加了状态转换的状态图

图 5-43　【State Transition Specification（设置转换细节）】对话框

实训四　学生管理系统练习

1. 实训目的

（1）培养学生运用所学软件项目做需求分析的理论知识和技能，以及分析并解决实际应用问题的能力。

（2）培养学生调查研究，查阅技术文献资料的能力，达到系统设计资料规范、全面的要求。

（3）通过实训，理解结构化的软件设计方法和面向对象软件设计方法。

（4）掌握数据库设计方法、UML建模方法以及概念数据模型设计和物理数据模型设计间的相互转化。

2. 实训要求

（1）实训要求根据项目的需求分析对系统的结构、接口、模块等进行设计。针对内容、认真复习与本次实训有关的知识，完成实训内容的预习准备工作。

（2）能认真独立完成实训内容。

（3）实训后，根据设计结果产生设计报告。

3. 实训项目——学生管理系统练习

（1）本系统包括学生基本信息管理、学生选课管理、学籍变更管理、学生奖励管理、学生惩罚管理、学生信息查询等基本功能。

（2）设计学生管理信息系统的对象交互。

（3）设计学生管理信息系统的对象行为。

（4）设计学生管理系统的数据结构，包括表名清单、各模块所用的数据表、数据库表之间的关系等。

习　　题

1. 选择题

（1）系统开发的命名规则是（　　）。

A．变量名只能由大小写英文字母、下画线"＿"以及阿拉伯数字组成

B．名称的第一个字符必须是英文字母或数字

C．全局变量、局部变量的命名必须用英文字母简写来命名

D．数据库表名、字段名等命名应尽量体现数据库、字段的功能

（2）面向事务设计方法首先确定主要的（　　），然后逐层详细描述各个状态的（　　）。

A．转化过程　　　　B．状态变化　　　　C．状态分类　　　　D．转化变化

（3）使用面向对象的设计方法进行对象分析和设计时的步骤是（　　　）。
  A．识别对象　　　　B．确定操作　　C．定义操作　　D．确定对象之间的通信
  E．完成对象定义

（4）软件建模的三个模型是：（　　　）描述系统能做什么；（　　　）描述系统在何时、何地、由何角色、按什么业务规则去执行，以及执行的步骤或流程；（　　　）描述系统工作前的数据来自何处、工作中的数据暂存什么地方、工作后的数据放到何处，以及这些数据之间的关联。
  A．设计模型　　　　B．数据模型　　C．功能模型　　D．性能模型
  E．用例模型　　　　F．业务模型

2．填空题

（1）RUP 的开发周期被细分为多个阶段，包括_____阶段、_____阶段、_____阶段和_____阶段。

（2）用例之间的关系包括_____关系、_____关系、_____关系和_____关系。

（3）在面向对象的系统分析中，对象分为 3 类：_____类、_____类和_____类。

（4）顺序图描述了对象之间传递消息的时间顺序。它包含 4 个元素，分别是_____、_____、_____和_____。

（5）在状态图的开发中，内部状态的 3 个版本分别是：_____、_____和_____。

3．简答题

（1）在用例图的开发过程中如何识别参与者和场景？如何确定用例之间的关系？

（2）如何开发顺序图？

（3）如何开发状态图？

（4）面向对象开发方法的优势体现在哪里？

项目6　软件项目详细设计

概要设计完成了软件系统的总体设计，规定了各个模块的功能及模块之间的联系，进一步就要考虑实现各个模块规定的功能。从软件开发的工程化观点来看，在使用程序设计语言编制程序以前，需要对所采用算法的逻辑关系进行分析，设计出全部必要的过程细节，并给予清晰的表达，使之成为编码的依据。

项目要点：
- 通过本项目的学习，能够使读者了解到软件项目详细设计的概念和方法。
- 了解概要设计与详细设计两者之间的差异。
- 掌握面向对象的详细设计方法。

任务 6.1　系统详细设计的基本内容

项目 5 讲述了软件的概要设计，给出了项目的一个总体实现结构。在将概要设计变为代码之前还需要经历一个阶段，即详细设计阶段，它是进行详细模块设计的过程，这个过程将概要设计的框架内容具体化、细致化，对数据处理中的顺序、选择、循环这三种控制结构，用伪语言（if…endif，case…endcase，do…enddo）或程序流程图表示出来。详细设计的目标是构造一个高内聚、低耦合的软件模型。

6.1.1　详细设计概述

简而言之，详细设计也称程序设计，它不同于编码或编制程序，在详细设计阶段，要决定各个模块的实现方法，并精确地表达涉及的各种算法。详细设计需要给出适当的算法描述，为此应当采用恰当的表达工具。

在理想状态下，算法过程描述应采用自然语言来表达，从而使不熟悉软件的人能较容易地理解这些规格。但是，自然语言在语法和语义上往往具有多义性，因此，必须使用约束性更强的方式来表达过程细节。

表达过程规格说明的工具叫做详细设计工具，它可以分为如下三类。

（1）图形工具。把过程的细节用图形方式描述出来。

（2）表格工具。用一张表来表达过程细节，这张表列出了各种可能的操作及其相应条件，也就是描述了输入、处理和输出信息。

（3）语言工具。用某种高级语言（伪码）来描述过程细节。

6.1.2 详细设计的基本任务

在详细设计过程中需要完成的工作主要是，确定软件各个组成部分的算法以及各部分的内部数据结构和确定各个组成部分的逻辑过程，此外，还要做以下工作。

1. 处理方式的设计

（1）数据结构的设计。对于需求分析、总体设计确定的概念性的数据类型进行确切的定义。

（2）算法设计。用某种图形、表格、语言等工具将每个模块处理过程的详细算法描述出来，并为实现软件的功能需求确定所必需的算法，评估算法的性能。

（3）性能设计。为满足软件系统的性能需求确定所必需的算法和模块间的控制方式。性能主要有以下 4 个指标。

① 周转时间。即一旦向计算机发出处理的请求后，从输入开始，经过处理输出结果为止的整个时间。

② 响应时间。用户执行一次输入操作之后到系统输出结果的时间间隔，一般在系统设计中采用一般操作响应时间和特殊操作响应时间来衡量。

③ 吞吐量。在单位时间内能够处理的数据量叫做吞吐量，这是标志系统能力的指标。

④ 确定外部信号的接收/发送形式。

2. 物理设计

对数据库进行物理设计，也就是确定数据库的物理结构。物理结构主要是指数据库存储记录的格式、存储记录安排和存储方法，这些都依赖于具体所使用的数据库系统。

3. 可靠性设计

可靠性设计也称质量设计。在使用计算机的过程中，可靠性是很重要的。可靠性不高的软件会使运行结果不能使用而造成严重损失。软件可靠性，简言之是指程序和文档中的错误少。软件可靠性和硬件不同，软件越使用，可靠性就越高，但在运行过程中，为了适应环境的变化和用户新的要求，需要经常对软件进行改造和修正，这就是软件的维护。由于软件的维护经常产生新的故障，所以要求在软件开发期间就把工作做细，以期在软件开发一开始就要明确其可靠性和其他质量标准。

4. 其他设计

根据软件系统的类型，还可能需要进行以下设计。

(1) 代码设计。为了提高数据的输入、分类、存储及检索等操作的效率,以及节约内存空间,对数据库中的某些数据项的值进行代码设计。

(2) 输入/输出格式设计。针对各个功能,根据界面设计风格,设计各类界面的式样。

(3) 人机对话设计。对于一个实时系统,用户与计算机频繁对话,因此要进行对话方式内容及格式的具体设计。

5. 编写详细设计说明书

详细设计说明书有下列主要内容。

(1) 引言。包括编写目的、背景、定义、参考资料。

(2) 程序系统的组织结构。

(3) 程序 1(标志符)设计说明。包括功能、性能、输入、输出、算法、逻辑流程、接口。

(4) 程序 2(标志符)设计说明。

(5) 程序 N(标志符)设计说明。

6. 详细设计的评审

概要设计阶段是以比较抽象概括的方式提出了解决问题的办法。详细设计阶段的任务,是将解决问题的办法进行具体化,详细设计只要是针对程序开发部分来说的,但这个阶段不是真正编写程序,而是设计出程序的详细规格说明。

详细设计是将概要设计的框架内容具体化、明晰化,将概要设计转化为可以操作的软件模型。

6.1.3 详细设计方法

详细设计首先要对系统的模块做概要性的说明,设计详细的算法,描述每个模块之间的关系以及如何实现算法等,主要包括模块描述、算法描述、数据描述。

(1) 模块描述:描述模块的功能以及需要解决的问题,这个模块在什么时候可以被调用,为什么需要这个模块。

(2) 算法描述:在确定模块存在的必要性之后,需要确定实现这个模块的算法,描述模块中的每个算法,包括公式、边界和特殊条件,甚至包括参考资料、引用的出处等。

(3) 数据描述:详细设计应该描述模块内部的数据流,对于面向对象的模块,主要描述对象之间的关系。

1. 传统的详细设计方法

传统的用来表达详细设计的工具主要包括图形工具(程序流程图)、表格工具(判定表)、语言工具(PDL)等。

1)图形符号的设计方式

流程图(Flowchart)是用图形化的方式,表示程序中一系列的操作以及执行的顺序。

流程图的表示元素如表 6-1 所示。

表 6-1 流程图的表示元素

名　称	图　例	说　明
终结符	◯	表示流程的开始与结束
处理	▭	表示程序的设计步骤或处理过程，在方框内填写处理名称或程序语句
判断	◇	表示逻辑判断或分支，用于决定执行后续的路径，在菱形框内填写判断的条件
输入/输出	▱	获取待处理的信息（输入），记录或显示已处理的信息（输出）
连线	→	连接其他符号，表示执行顺序或数据流向

常见的流程图的结构如图 6-1 所示。

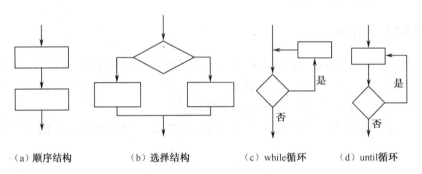

（a）顺序结构　　　（b）选择结构　　　（c）while循环　　　（d）until循环

图 6-1　常见的流程图的结构

2）表格的设计方式

在很多的软件应用中，一个模块需要对一些条件和基于这些条件下的任务进行一个复杂的组合。决策表（Decision Table）提供了将条件以及其相关的任务组合为表格的一种表达方式。表 6-2 是一个三角形的应用系统的决策表，该表左上区域列出所有的条件，左下区域列出基于这些条件组合对应的任务，右边区域是根据条件组合而对应的任务的一个矩阵表，矩阵的每个列可以对应应用系统中的一个处理规则。

表 6-2　三角形的应用系统的决策表

条件	规则 1	规则 2	规则 3	规则 4	规则 5	规则 6
C1：a,b,c 构成三角形	N	Y	Y	Y	Y	Y
C2：a=b？		Y	Y	N	Y	N
C3：a=c？		Y	Y	Y	N	N
C4：b=c？		Y	N	Y	N	N
动作	处理 1	处理 2	处理 3	处理 4	处理 5	处理 6
A1：非三角形	X					

续表

动作	处理1	处理2	处理3	处理4	处理5	处理6
A2：不等边三角形						X
A3：等腰三角形					X	
A4：等边三角形		X				
A5：不可能			X	X		

3）程序设计语言

程序设计语言（Program Design Language）也称为伪代码，它使用结构化编程语言的风格描述程序算法，但不遵循特定编程语言的语法，程序设计语言允许用户在此代码更高的层次上进行设计，通常省略与算法无关的细节。

例如，使用 PDL 描述打印 N！的流程如下：

读入 N
置 F 的值为 1，置 M 的值为 1
当 M<=N 时，执行：
使 F=F*M
使 M=M+1
打印 F

2. 面向对象的详细设计

面向对象的详细设计要从概要设计的对象和类开始，同时对它们进行完善和修改，以便包含更多的信息项。详细设计阶段同时要说明每个对象的接口，规定每个操作的操作符号、对象的命名、每个对象的参数、方法的返回值。详细设计还要考虑系统的性能和空间要求等。

1）算法和数据结构的设计

算法是设计对象中每个方法的实现规格，当方法（操作）比较复杂的时候，算法实现可能需要模块化。

数据结构的设计与算法是同时进行的，因为这个方法（操作）要对类的属性进行处理。方法（操作）对数据进行的处理有很多类，主要包括三类：对数据的维护操作（如增、删、改等）、对数据进行计算、监控对象事件。

2）模块和接口

因为决定软件设计质量非常重要的一个方面是模块，所有模块最后组成了一个完整的程序。其中复杂的部分也可以进行再模块化，同时我们还要定义对象之间的接口和对象的总结构。模块和接口设计应当用类似编程语言的方式表达出来。

下面以手工结账单（如图 6-2 所示）这一案例为例加以说明。在软件应用系统中，需要由一个屏幕界面来完成这个功能，为了完成这个功能，需要包含更多的类。结账界面的设计如图 6-3 所示。

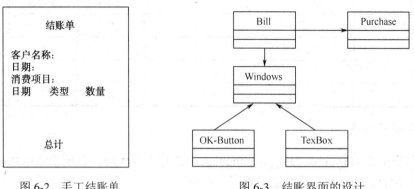

图 6-2　手工结账单　　　　　　图 6-3　结账界面的设计

任务 6.2　图书馆管理系统的详细设计

在面向对象的系统设计中所用到的模型主要有包图、类图和设计类图。包图是一个高层图，它通过给出哪个类应该包括在哪个子系统中来记录子系统。包图的信息主要来源于用例图和类图。类图是运用面向对象方法，对问题域和系统责任进行分析和理解，对其中的事物以及事件产生正确的认识，找出描述问题域以及系统责任所需的类和对象并定义这些对象的属性和操作以及它们之间的静态和动态关系的一种模型，它可以清晰地描述系统所涉及的事物以及属性和方法。设计类图是对类图的扩展，它增加了属性和方法等细节。设计类图的输入信息来源于类图、交互图以及状态图。

6.2.1　系统包图

包图是一个高层图，在概念上，它与结构化方法的系统流程图很相似。包图的目标是标志一个完整系统的主要部分。在一个大的系统中，通常要把许多系统分成很多子系统，每个子系统的功能之间都是独立的。

我们给出图书馆管理系统的一个简单的包图实例，如图 6-10 所示。3 个子系统是在用例图的基础上绘出的，在包图中只使用两个符号：一个标志框，一个虚线箭头。标志框标志子系统和主系统。将子系统包围在主系统中，表示它是子系统的一部分，子系统可以安排到任何一层，但不允许重叠，换句话说，一个子系统不能同时是两个高层系统的一部分。

虚线箭头表示依赖关系。箭头的尾部表示被依赖的包，而头部是独立的包。沿着箭头阅读包图是最简单的方法。在图 6-4 中，图书流通管理子系统就依赖于系统管理子系统。

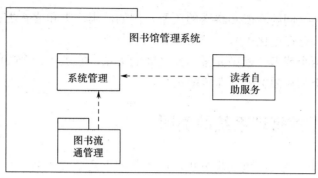

图 6-4 图书馆管理系统的一个简单的包图实例

6.2.2 类的类型以及类之间的关系

在面向对象的系统分析阶段，用类图描述参与者与系统之间的关系以及系统的功能，但它并没有反映系统的内部视图。在设计阶段需要进一步细化内部机制，这时需要用到类图，类图可以清晰地描述系统所涉及的事物及其属性的方法。

一个系统可以看成是由一些不同类型的对象所组成的，对象以及类之间的关系反映了系统内部各种成分之间的静态结构。类图主要用来描述系统中各种类之间的静态结构。

1. 类的类型

在面向对象的系统中，对象分为三类：实体类、边界类和控制类。通过这些对象的合作来实现用例。

（1）实体类：表示的是系统领域的实体，实体对象具有永久性并且存储在数据库中，如表、记录或字段等。项目 4 中介绍的图书类和读者类就属于实体类。一般来说，实体类对应于数据表记录的封装，即该类的一个实例对应于数据表中的一条记录。实体类通常只有一些标准的方法。

（2）边界类：是系统的用户界面，直接和系统的外部角色交互，与系统进行系统交流。对于边界类，分析阶段不必深究用户界面的每个窗口部件，只要能说明通过交互能实现的目标就可以了。

（3）控制类：用来控制系统中对象之间的交互，类似于用来实现一个完整用例的"控制器"。通常，这样的对象仅存在于该用例执行期间。

2. 类之间的关系

类图不仅定义了系统中的类，还表示了类之间的关系。类之间具有关联、聚合、泛化和依赖等关系。

（1）关联表示两个类之间存在某种语义上的关系。例如，数目和图书之间具有一对多的关联关系。

（2）聚合表示类之间的关系。例如项目 4 中介绍的计算机类和键盘类、鼠标类等的关系。

（3）泛化是指类之间的一般和特殊的关系。例如，用户类和读者类、读书管理员类、系统管理员类之间就存在泛化关系。

（4）依赖表示两个或多个模型元素语义之间的关系，它表示一个类的变化影响到另一个类。例如，用户类和权限类就存在依赖关系。

6.2.3 图书馆管理系统的类图

对于图书馆管理系统，经过初步分析，应包含如下几个实体类：用户（包括系统管理员、图书馆管理员和读者）、书目、图书及以及预约列表，如图6-5所示。该图表示出它们类以及它们之间的关系。

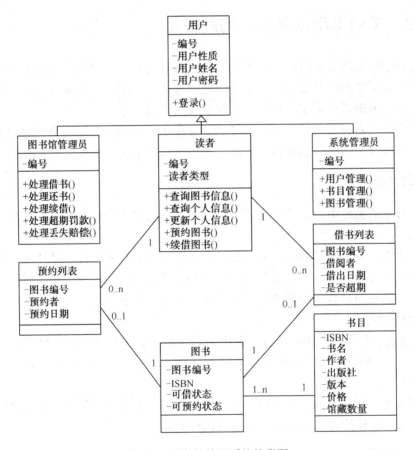

图6-5 图书馆管理系统的类图

图6-5给出的只是功能相关的较为抽象的类及其之间的关系，随着系统设计的进一步细化，还需要进一步描述系统的功能需求，包括系统边界类图、用户界面以及与其他软件和硬件的接口等。图6-5只是给出了一般的图书馆管理所涉及的类及其相互关系，对于具体的图书馆运作管理，如高校图书馆，读者类可以进一步细化为两个子类，即教师读者类和学生读者类，如图4-10所示。此外，对于复杂的业务逻辑可以抽象为控制类，用控制图加以描述。对于类的设计，在最初阶段需要重点把握的是关系系统全局的实体类的设计，

对于边界类和控制类,尤其是它们的细节,不必过分深究,而且类的属性、方法以及类之间的关联也不是一成不变的,随着设计的深入将逐步修正。这个阶段的类抽象层次较高,主要用来描述系统要实现的功能。在设计的细化阶段把类扩展为设计类,把类的属性、操作、参数以及类型与具体的实现环境相关联。

6.2.4 设计类图的开发

设计类图是类图的一个变体。类图表示一系列的类以及它们之间的关系。因为分析阶段是一个发现需求的过程,所以一般很少关心属性和方法的细节。在面向对象程序设计中,类的属性有一个特征称为可见性,它表示其他类是否可以访问该属性。每个属性都有类型定义,例如字符型或数字型。在设计阶段将细化这些项,并且定义要传给方法的参数、方法的返回值以及方法的内部逻辑。因此,虽然设计阶段和分析阶段的类图很相似,但设计阶段的更完备。通过从状态图和顺序图中获得信息集成到类图中就完成了设计类图的设计。

下面通过实例介绍设计类图的设计过程。

1. 决定需要设计的类

这里选择图书馆管理系统的读者类(Reader)作为要设计的设计类。为完成这一步,设计者还要建立属性列表,这里包括 ReaderID/UserID(读者编号)、ReaderName(读者姓名)、ReaderGender(读者性别)、ReaderEmail(读者电子邮件)、ReaderType(读者类型)等。

2. 找到属于这个类的所有方法

一个类中的方法一般是通过传给该类的消息所调用的,因此,为识别该类的所有方法,只需观察所有的顺序图,并找到所有要传入到 Reader 中的消息,用尽可能多的有用信息来详细描述设计类,包括消息名、传递的参数以及返回值。表 6-3 为搜索所有与读者有关的顺序图后找到的消息列表,其中第一列中列出了相应的消息,第二列列出了根据消息转化而来的方法,第三列对这些方法的功能做出了简要解释。

表 6-3 读者类的消息和方法

消 息	方 法	功 能
CreateQuery()	CreateQuery(query information)	查看图书信息
CheckBookStatus()	CheckBookStatus(book status)	检测图书状态(能否预约/续借)
CheckReaderStatus()	CheckReaderStatus((book status)	检测读者状态(能否超期超量)
RenewBook()	RenewBook(book information)	续借图书
EngageBook()	EngageBook(book information)	预约图书

3. 详细描述带有逻辑的方法

要完成详细描述带有逻辑的方法必须从状态图中获取信息,状态图中的状态转换都是

图 6-6 读者设计类图

由触发器引起的。触发器表示传给某个对象的一个消息。因此,所有顺序图中的消息都要对应一个对象状态图中的转换。如果没有转换,状态图就不可能定义如何处理输入消息。我们将读者顺序图和状态图信息进行整合后得到了读者设计类图。如图 6-12 所示。

这时,可以对比设计类图和类图之间的差异,正如上面提到的,设计类图是基于类图之上整合了顺序图和状态图的进一步丰富了设计细节的类图,此时的设计类的属性和方法不仅反映基于事物和事件的特征和交互行为,也更接近于系统实施的要求,因为属性和方法都被赋予了适合于编程的数据类型和逻辑功能。在 Rational Rose 中,完成设计类图(例如图 6-6 所示的读者设计类图)之后,可以使用正向工程生成基于选定开发平台(如 J2EE、VC 等)的框架代码,程序员根据系统设计人员提供的具体算法逻辑实现来完成具体的编程工作。

任务 6.3 用户界面设计

6.3.1 用户界面设计应具有的特点

用户界面设计的一条总原则是:以人为本,以用户的体验为准。一个好的用户界面应具有以下特性:可使用性、灵活性、复杂性与可靠性。

1. 可使用性

用户界面的可使用性是用户设计最重要的目标,它包括以下内容。

(1)使用的简单性。这要求用户界面能够很方便地处理各种基本对话。例如,问题的输入格式应该使用户易于理解,附加的信息量少,能直接处理指定磁性媒体上的信息和数据,并且自动化程度高,操作比较简便,能按用户要求的表格(或图形)输出或把计算结果反馈到用户指定的媒体上。

(2)用户界面中的术语标准化和一致性。因此要求:所有专业术语都应标准化;软件技术用语应符合软件面向专业的专业标准;在输入/输出说明里,同意术语的含义完全一致。

(3)拥有 HTML 帮助功能。用户应能从 HTML 功能中获知软件系统的所有规格说明和各种操作命令的用法,HTML 功能应能联机调用,在任意时间、任何位置上为用户提供帮助信息。这种信息可以是综述性信息,也可以是与所在位置上下文有关的针对性信息。

(4)快速的系统响应和低的系统成本。一般在与较多的硬件设备和其他软件系统连接时,会导致较大的系统开销,好的用户界面应在此情况下有较快的响应速度和较小的系统开销。

(5)用户界面应具有容错能力、错误诊断功能。应能检查错误并提供清楚、易理解的报错信息,包括出错位置、修改错误的提示或建议等。应具备修正错误的能力,还要有出错保护,以防止用户得到他不想要的结果。

2. 灵活性

（1）算法的可隐/可显性。考虑到用户的特点、能力、知识水平，应当使用户接口能够满足不同用户的要求。因此，对不同的用户，应有不同的界面形式。但不同的界面形式不应影响任务的完成，用户的任务只应与用户的目标有关，而与界面方式无关。

（2）用户可以根据需要制定和修改界面形式。在需要修改和扩充系统功能的情形下，能够提供动态的对话方式，如修改命令、设置动态的菜单等。

（3）系统能够按照用户的希望和需求，提供不同详细程度的系统响应信息，包括反馈信息、提示信息、帮助信息、出错信息等。

（4）与其他软件系统一样应有标准的界面。为了使得用户界面具有一定的灵活性，需要付出一定的代价，还要求系统的设计更加复杂，而且有可能降低软件系统的运行效率。

3. 复杂性与可靠性

（1）用户界面的规模和组织的复杂程度就是界面的复杂性。在完成预定功能的前提下，应当使得用户界面越简单越好，但也不是把所有功能和界面安排成线性序列就一定简单。例如，系统有 64 种功能，安排成线性序列，有 64 种界面，用户不得不记忆大量的、单一的命令，比较难于使用。但是，可以把系统的功能和界面按其相关性质和重要性，进行逻辑划分，组织成树形结构，把相关的命令放在同一分支上。

（2）用户界面的可靠性是指无故障使用的间隔时间。用户界面应能保证用户正确、可靠地使用系统，保证有关程序和数据的安全性。

6.3.2 用户界面设计的基本类型和基本原则

1. 用户界面设计的基本类型

如果从用户与计算机交互的角度来看，用户界面设计的类型主要有问题描述语言、数据表格、图形与图标、菜单、对话以及窗口等。每一种类型都有不同的特点和性能。因此，在选用界面形式的时候，应当考虑每种类型的优点和限制。通常，一个界面的设计使用了一种以上的设计类型，其中每种类型与一个或一组任务相匹配。

2. 用户界面设计的基本原则

在设计阶段，除了设计算法、数据结构等内容外，一个很重要的部分就是系统界面的设计。系统界面是人机交互的接口，包括人如何命令以及系统如何向用户提交信息。一个设计良好的界面使得用户更容易掌握系统，从而增加用户对系统的接受程度。此外，系统用户界面直接影响了用户在使用系统时的情绪。下列情形无疑会使用户感到厌倦和茫然。

（1）过于花哨的界面，使用户难以理解其具体含义，不知从何下手。

（2）模棱两可的提示。

（3）长时间（超过 10s）的反应时间。

（4）额外的操作（用户本意是只做这件事情，但是系统除了完成这件事之外，还做另外的事情）。

与之相反，一个成功的用户界面必然是以用户为中心的、集成的和互动的。

3. 用户界面设计的基本方法

尽管目前图形用户界面（Graphical User Interface，GUI）已经被广泛地采用，并且有很多界面设计工具的支持，但是由于上述的这些问题，在系统开发过程中应该将界面设计放在相当重要的位置上。下面介绍用户界面设计的基本方法。

1）描述人和他们的任务脚本

对人员分类之后，确定每一类人员的特征，包括使用系统的目的、特征（年龄、教育水平、限制等）、对系统的期望（必须/想要，喜欢/不喜欢/有偏见）、熟练程度、适用系统的任务脚本（Scenario）。依据这些特征，可以更准确地把握系统的人机交互设计。

2）设计命令层

命令层的设计包括三个方面的工作：研究现有的用户交互活动的寓意和准则，建立一个初始化的命令层，细化命令层。

在图形用户界面的设计过程中，已经形成了一些形式的或非形式的准则和寓意，如菜单排列（例如，在几乎所有的 MS-Windows 应用系统中，前三个一级菜单项目总是"文件"、"编辑"、"视图"，而最后两个则是"窗口"、"帮助"），一些操作（例如，打开文件、保存文件、打印）等的图形隐喻等。遵循这些准则，便于用户更快地熟悉系统。

在细化命令层时，需要考虑排列、整体与部分的组合、宽度与深度的对比、最小操作步骤等问题，一个层次太"深"的命令项目会让用户难以发现，而太多命令项目则使用户难以掌握。

3）涉及详细的交互

人机交互的设计有若干准则，包括以下内容。
（1）保持一致性。采用一致术语、一致的步骤和一致的活动。
（2）操作步骤少，使敲击键盘和单击鼠标的次数减到最少。
（3）不要"哑播放"，长时间的操作需要告诉用户进展的情况。
（4）闭包。用一些小步骤引出定义良好的活动，用户应该感觉到他们活动中的闭包意义。
（5）错误恢复。人难免做错事，通常在这种状况下，系统应该支持恢复原状，或者至少是部分支持。
（6）减少人脑的记忆负担，不应该要求人从一个窗口记忆或者写下一些信息然后在另外一个窗口中使用。
（7）增加学习的时间和效果，为更多的高级特性提供联机参考信息。
（8）增加趣味和吸引力，人们通常喜欢使用那些感到有趣的软件。

4. 继续做原型

通过做原型系统，可以直接了解用户对设计界面的反映，然后进行改善，使之日臻完善。

5. 设计用户界面类

在完成上面的工作后，就可以着手设计用户界面类。在开发 GUI 程序时，通常已经提供了一系列通用界面类，如窗口、按钮、菜单等，只要从这些类派生特定的子类即可。

6. 依据现有图形用户界面进行设计

目前，主要的 GUI 包括 Windows、Macintosh、X-windows、Motif 等。基于它们开发应用软件可以使界面的设计简单化，但是事先要清楚其特性，如事件处理方式等。

6.3.3 图书馆管理系统的界面设计

一个友好完善的界面不仅能够方便系统的使用者，而且能够使各个模块之间的划分明确，结构更趋于完善。一个好的界面的设计工作在进行系统开发时是必不可少的，也是十分重要的。下面就对图书馆管理系统的界面设计进行详细的描述。

1. 用户登录界面设计

利用用户登录功能实现对用户权限的限制。图书馆管理人员和学生的权限不一样，不同的身份进入不同的界面，完成不同的功能。图书馆管理人员进入图书馆管理主界面，学生进入图书馆服务系统主界面。用户必须输入正确的密码才能进入下一个界面，如果用户输入密码错误，应用程序会提示错误信息。用户如果连续 3 次输入错误，应用程序会强迫使用者退出并终止应用程序的运行。用户登录界面如图 6-7 所示。

2. 图书馆管理系统主界面设计

图书馆管理系统主界面主要实现修改学生记录、修改图书记录、修改密码设置和报表管理等功能。单击该界面中的不同按键，就会进入实现不同功能的界面。图书馆管理系统主界面如图 6-8 所示。

图 6-7 用户登录界面

图 6-8 图书馆管理系统主界面

3. 修改图书记录界面设计

修改图书记录界面主要由图书馆管理员来插入、删除、编辑、查询图书资料。在完成一个或多个图书记录的修改后，触发"退出"按钮的 Click 事件返回主界面。修改图书记录界面如图 6-9 所示。

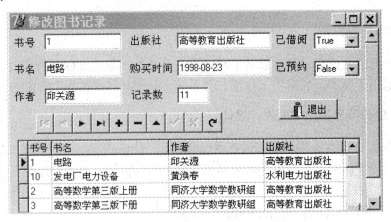

图 6-9　修改图书记录界面

4. 修改学生记录界面设计

修改学生记录界面主要由图书馆管理员用来插入、删除、编辑、查询学生资料。在完成一个或多个学生修改记录后，触发"退出"按钮的 Click 事件返回主界面。修改学生记录界面如图 6-10 所示。

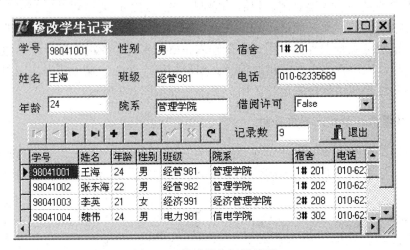

图 6-10　修改学生记录界面

5. 生成预约图书报表界面设计

预约图书报表界面主要供图书馆管理员浏览和打印学生预约图书的数据资料，以便及时地进行操作，生成预约图书报表的功能，完成对当时预约图书的统计，生成相应的报表。在此报表中显示预约图书的书号、书名、作者，预约此图书的学生的学号、姓名，所在班级等信息。预约图书报表界面如图 6-11 所示。

项目6 软件项目详细设计

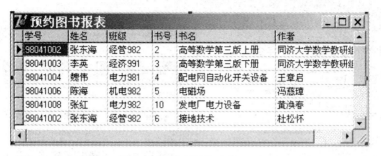

图 6-11 预约图书报表界面

6. 生成催还图书报表界面设计

催还图书报表界面主要供图书馆管理员浏览和打印学生过期不还图书的数据资料，以便及时地通知学生归还图书。生成催还图书的报表和生成预约图书报表的功能类似，它用来完成对当时过期未还图书的统计，生成相应的报表。在此报表中显示过期图书的书号、书名、作者，借阅此图书的学生的学号、姓名、所在班级等信息。催还图书报表界面如图 6-12 所示。

图 6-12 催还图书报表界面

7. 修改密码设置界面设计

修改密码设置界面主要由图书馆管理员用来修改管理员或学生的登录密码。在完成密码修改后，触发"返回"按钮的 Click 事件返回主界面，修改密码设置界面设计如图 6-13 所示。

8. 图书服务系统主界面设计

图书馆服务系统主界面主要实现学生查询、借阅、预约图书，查询个人借阅情况和归还图书的功能。单击该主界面中不同按钮，就会进入实现不同功能的界面。图书馆服务系统主界面如图 6-14 所示。

图 6-13 修改密码设置界面

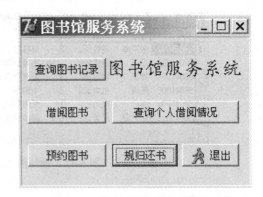
图 6-14 图书馆服务系统主界面

9. 查询、借阅、预约图书界面设计

查询、借阅、预约图书界面是学生的查询、借阅、预约图书三大功能的结合体。将这三个功能合并在一个界面中实现，是为了使应用程序的结构紧凑，思路清晰。在这个界面中，可实现按照书名关键字和作者名关键字两种方式执行查询。用户可以通过查询选定需要借阅或预约的图书，也可以自己移动记录指针到所需要的图书记录，选定后，用户输入自己的学号执行借阅。如果学号错误或借书证不允许使用，程序会显示提示信息，否则，就完成用户借阅图书或预约图书的过程。对于一本图书被借阅和预约的可能性是通过组合框和检查框来实现的。本案例规定，在同一时间内，一本图书只能被一个学生借阅，也只允许一个学生预约。没有借出的书不能预约，只允许直接借阅。已借出但没有预约的图书允许被预约，而已被预约的图书不允许再被借阅或预约。查询、借阅、预约图书界面如图 6-15 所示。

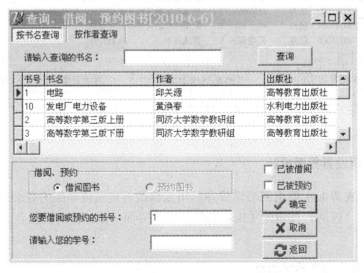
图 6-15 查询、借阅、预约图书界面

10. 查询个人借阅信息、归还图书界面设计

查询个人借阅信息、归还图书界面是学生查询个人借阅情况和归还图书两大功能的结

合体。在设计中将这两个功能合成一个界面，是为了使应用程序的结构紧凑、思路清晰。在这个界面中，用户输入学号可执行查询，如果学号错误，程序会显示提示错误信息，否则，就显示该学生借阅图书的情况。当用户选择了自己需要归还的图书后，确认以完成归还已借阅图书的过程。查询个人借阅信息、归还图书界面如图6-16所示。

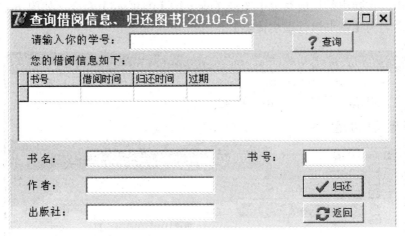

图6-16　查询借阅信息、归还图书界面

小　　结

项目6讲述了详细设计的基本任务、详细设计的结构化方法及面向对象方法，根据面向对方法给出了图书馆管理系统的类的设计、图书馆管理系统的界面设计等。完成图书馆管理系统的整个过程。

实　验　实　训

实训一　使用 Rational Rose 绘制图书馆管理系统的类图

1．实训目的

（1）掌握使用 Rational Rose 绘制类图的方法。
（2）熟悉类的设计方法。

2．实训内容

（1）绘制图书馆管理系统的类图。
（2）完成实训报告。

3. 操作步骤

（1）新建类图及定制工具栏。

① 启动 Rational Rose，在 Browser 窗口内的树形列表中选中【Logical View】包，用鼠标右键单击，在弹出的快捷菜单中选择【New】|【Package】命令（如图 6-17 所示）新建一个包，命名为【图书馆管理实体类】。

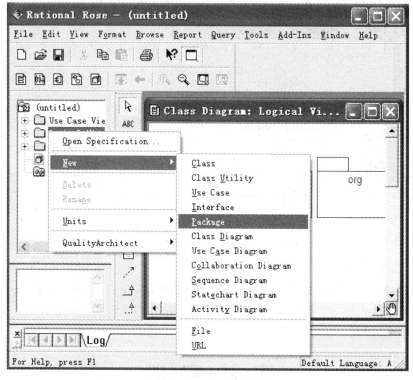

图 6-17　新建类图

② 用鼠标右键单击 Browser 窗口中新生成的包，在弹出的快捷菜单中选择【New】|【Class Diagram】命令新建一个类图，命名为【图书馆管理实体类】。

③ 双击 Browser 窗口中新生成的【图书馆管理实体类】类图文件，在 Diagram 窗口中打开该文件，可在该窗口中绘制类。

④ 定制工具栏的方法请参照项目 5 实训二中的相关内容。

（2）向类图中添加类。

① 单击绘图工具栏中的 按钮，在绘图区域单击即可建立一个名为【NewClass】的类，如图 6-18 所示。这里可以将新建的类重命名为【图书】。

② 用鼠标右键单击新生成的类，在弹出的快捷菜单中选择【Open Specification...】命令，在弹出的对话框中可对该类进行相关细节的设置，如图 6-19 所示。

③ 选择【Attributes】选项卡，在窗口主体区域单击右键，在弹出的快捷菜单中可设置当前类的属性，在这里可以添加【图书编号】等相关属性，如图 6-20 所示。

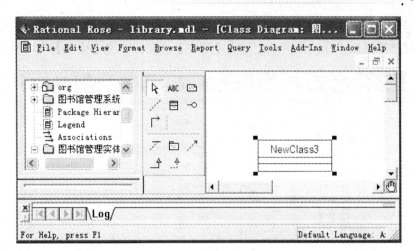

图 6-18 绘制一个类

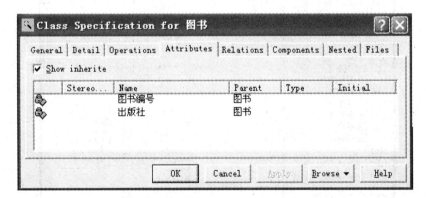

图 6-19 设置类的细节

图 6-20 设置类的属性

类似地,选择其他几个选项卡可进行相关内容的设置。

(3)建立类之间的关系。

绘制了相关的类之后还要绘制有关类之间的关联。描述类之间的泛化关系,可以使用绘图工具栏上的按钮，具体操作步骤如下。

① 单击按钮后，在绘图区从起始类【用户】画至终止类【读者】，如图 6-21 所示。

图 6-21　为读者类和用户类建立关系

用同样的方法可以定义【用户】类、【系统管理员】类、【图书管理员】类之间的关系，如图 6-22 所示。

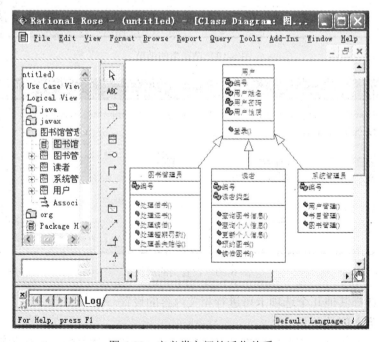

图 6-22　定义类之间的泛化关系

② 用鼠标右键单击表示泛化关系的带三角箭头的线段，在弹出的快捷菜单中选择【Open Specification…】命令或直接双击该三角箭头线段，在弹出的对话框（如图6-23所示）中可对关系做进一步的细节设置。

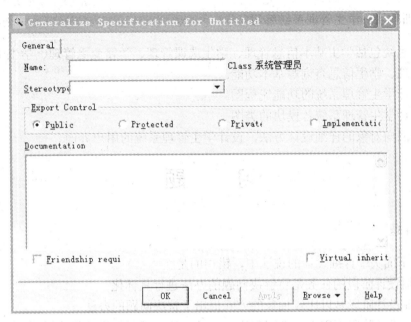

图6-23　【Generalize Specification for Untitled（设置泛化关系）】对话框

③ 描述类之间的双向关联关系，可使用绘图工具栏上的 ┌ 按钮。如果该按钮未显示在绘图工具栏上，可定制工具栏以显示该按钮。定制工具栏的方法请参照项目5实训二中的相关内容。

④ 双向关联按钮用来描述类实例之间的双向连接关系。同样，双击该关系可在弹出的对话框中对该关系做进一步的设置，这部分内容不再赘述，请读者在实践中掌握。

实训二　学生管理系统练习

1. 实训目的

（1）培养学生运用所学软件项目做需求分析的理论知识和技能，以及分析并解决实际应用问题的能力。

（2）培养学生调查研究、查阅技术文献资料的能力，达到系统设计资料规范、全面的要求。

（3）通过实训，理解传统的详细设计方法和面向对象的详细设计方法。

（4）掌握数据库设计方法，以及系统功能流程图、类图、界面的设计方法。

2. 实训要求

（1）实训要求根据项目的需求分析对系统的结构、接口、模块等进行设计。针对内容、认真复习与本次实训有关的知识,完成实训内容的预习准备工作。

(2) 能认真独立完成实训内容。

(3) 实训后,根据设计结果产生设计报告。

3. 实训项目—学生管理系统练习

(1) 本系统包括学生基本信息管理、学生选课管理、学籍变更管理、学生奖励管理、学生惩罚管理、学生信息查询等基本功能。

(2) 设计学生管理系统的功能流程图。

(3) 设计学生管理系统各模块的类图。

(4) 用面向对象的详细设计方法,设计学生管理系统的用户界面。

习　　题

1. 选择题

(1) 在下面关于详细设计的说法中,错误的是(　　　)。
A. 详细设计阶段的任务是将解决问题的办法进行具体化
B. 详细设计阶段是以比较抽象的方式提出了解决问题的办法
C. 详细设计阶段不用真正编写程序,而是设计出程序的详细规格说明
D. 详细设计是将概要设计的框架内容具体化、明细化

(2) 类图是静态图的一种,它包括三个部分(　　　)。
A. 属性　　　　　　B. 类　　　　　　C. 用户接口　　　　　　D. 联系

(3) 在下面关于数据库的描述中,正确的是(　　　)。
A. 数据库是用于储存和处理数据的
B. 数据库设计的目的是使信息系统在数据库服务器上建立一个好的数据模型
C. 数据库设计的主要工作是设计数据库的表
D. 数据库是用来确定对象之间通信的工具

(4) 传统的详细设计的工具主要包括(　　　)。
A. 程序流程图　　　　　　　　B. 数据结构设计
C. 模块和接口　　　　　　　　D. 判定表
E. 程序设计语言

2. 填空题

(1) RUP(统一开发过程)模式的最大优点是_____的方法,该方法可以较为直观地建立起系统的架构,通过反复识别,避免需求中的漏项。

(2) 类有属性、操作、约束以及其他成分等,属性_____所能具有的值,操作实现类的_____,用户接口就是_____,联系代表_____。

(3) 详细设计需要对系统的模块做概要性说明,主要包括____描述、____描述和____描述。

（4）面向对象的详细设计从概要设计的对象和类开始。算法是_____的实现规格。数据结构的设计与算法是同时进行的，因为这个方法要对类的属性进行处理，主要包括三类：_____、对数据进行计算、_____。

3. 简答题

（1）简述使用结构化方法进行系统应用程序设计的基本流程。

（2）简述结构化应用程序与用户界面、数据库和网络设计的集成。

（3）简述设计类图的设计过程。

（4）如何理解结构化程序设计和面向对象程序设计在方法上的不同？

第3篇 维护与管理篇

> Chapter 3

项目7　软件项目实现

　　任务7.1　结构化程序设计

　　任务7.2　面向对象程序设计

　　任务7.3　程序设计语言

　　任务7.4　程序复杂度

项目8　软件测试

　　任务8.1　软件测试基础

　　任务8.2　软件测试方法

　　任务8.3　面向对象软件测试

　　任务8.4　软件测试报告

项目9　软件维护

　　任务9.1　软件维护的概念

　　任务9.2　软件维护的成本

　　任务9.3　软件维护方法

　　任务9.4　软件可维护性

项目10　软件项目管理

　　任务10.1　软件项目管理的特点和内容

　　任务10.2　风险管理

　　任务10.3　项目人力资源管理

　　任务10.4　进度计划管理

　　任务10.5　质量管理

项目7 软件项目实现

全面提高质量，提高编程效率，使程序具有良好的可读性、可靠性、可维护性以及良好的结构，应当是每位程序设计工作者追求的目标。要做到这一点，就必须掌握正确的程序设计方法和技术。

项目要点：
- 了解面向对象程序语言的概念和特点。
- 了解程序语言的分类。
- 了解程序复杂度算法。

任务 7.1 结构化程序设计

由于软件危机的出现，人们开始研究程序设计方法，其中最受关注的是结构化程序设计方法。20 世纪 70 年代提出了"结构化程序设计（Structured Programming）"的思想和方法。结构化程序设计方法引入了工程思想和结构化思想，使大型软件的开发和编程都得到了极大的改善。

7.1.1 结构化程序设计的原则

结构化程序设计方法的主要原则可以概括为自顶向下、逐步求精、模块化、限制使用 goto 语句。

1. 自顶向下

设计程序时，应先考虑总体，后考虑细节；先考虑全局目标，后考虑局部目标。不要一开始就过多追求众多的细节，应先从最上层总目标开始设计，逐步使问题具体化。

2. 逐步求精

对复杂问题，应设计一些子目标作为过渡，逐步细化。

3. 模块化

一个复杂问题，肯定是由若干简单的问题构成。模块化是把程序要解决的总目标分解为子目标，再进一步分解为具体的小目标，把每一个小目标称为一个模块。

4. 限制使用 goto 语句

结构化程序设计方法起源于对 goto 语句的认识和争论。作为争论的结论，1974 年，Knuth 发表了令人信服的总结，并证实了：

（1）goto 语句确实有害，应当尽量避免。

（2）完全避免使用 goto 语句也并非是个明智的方法，有些地方使用 goto 语句，会使程序流程更清楚、效率更高。

（3）争论的焦点不应该放在是否取消 goto 语句上，而应该放在用什么样的程序结构上。其中最关键的是，应在以提高程序清晰性为目标的结构化方法中限制使用 goto 语句。

7.1.2 结构化程序的基本结构与特点

随着计算机程序设计方法的迅速发展，程序结构也呈现出多样性，如结构化程序、模块化程序、面向对象的程序结构。但是，结构化程序仍在程序设计中占有十分重要的位置，了解和掌握结构化程序设计的概念和方法，将为学习其他程序设计方法打下良好的基础。

采用结构化程序设计方法编写程序的目标是得到一个良好结构的程序。所谓良好结构的程序就是该程序具有结构清晰、容易阅读、容易理解、容易验证、容易维护等特点。1996年，Boehm 和 Jacopini 证明了程序设计语言仅仅使用顺序、选择和循环三种基本控制结构，就足以表达出各种其他复杂形式的程序结构。

（1）顺序结构是一种简单的程序设计，它是最基本、最常用的结构。顺序结构就是按照程序语句行的自然顺序，一条语句一条语句地执行程序。

（2）选择结构又称为分支结构，它包括简单分支结构和多分支结构，这种结构可以根据设定的条件，判断应该选择执行哪一条分支的语句序列。

（3）循环结构。它根据给定的条件，判断是否需要循环执行同一相同的程序段，利用循环结构可以简化大量的程序行。在程序设计语言中，循环结构对应两类循环语句，对先判断后执行循环体的称为当型循环结构；对先执行循环体后判断的称为直到型循环结构。

7.1.3 结构化程序设计原则和方法

在结构化程序设计的具体实施中，要注意把握以下原则和方法：

（1）使用程序设计语言中的顺序、选择、循环等有限的控制结构表示程序的控制逻辑。

（2）选用的控制结构只允许有一个入口和一个出口。

（3）程序语句组成容易识别的语句序列块，每块只允许有一个入口和一个出口。

（4）设计复杂结构的程序时，仅用嵌套的基本控制结构进行组合嵌套来实现。

（5）严格控制 goto 语句的使用。

① 用一个非结构化的语言去实现一个结构化的构造,虽然有些高级语言有 goto 语句,但编程时不使用。

② 当不使用 goto 语句会使功能模糊时,可慎重地使用 goto 语句。

③ 在某种可以改善而不是损害程序可读性的情况下,慎重地使用 goto 语句。

任务 7.2　面向对象程序设计

面向对象方法的形成同结构化方法一样,起源于实现语言,首先对面向对象的程序设计语言开展研究,随之逐渐形成面向对象分析和设计方法。面向对象方法和技术经历 30 多年的研究和发展,已经越来越成熟和完善,应用也越来越深入和广泛。

面向对象方法的本质,就是主张从客观世界固有的事物出发来构造系统,提倡用人类在现实生活中常用的思维方法来认识、理解和描述客观事物,强调最终建立的系统能够映射问题域。也就是说,系统中的对象以及对象之间的关系能够如实地反映问题域中固有事物及其关系。

7.2.1　数据抽象和封装

1. 抽象

抽象是指去掉与主题无关的次要部分,而仅仅抽象取出与工作有关的实质的内容加以研究。计算机技术常用的抽象分为过程抽象与数据抽象。

(1) 过程抽象。将整个系统的功能划分成为若干部分,强调功能完成的过程和步骤。面向过程的程序设计就采用这种方法。

(2) 数据抽象。是与过程抽象不同的抽象方法,它把系统中需要处理的数据和这些数据的操作结合在一起,根据功能、性质、作用等因素抽象成不同的抽象数据类型。每个数据类型既包括了数据,又包括了针对这些数据的操作。

面向对象的软件开发方法的主要特点就是采用数据抽象的方法来构建程序中的类、对象的方法。它的优点为:一方面,可以去掉与核心问题无关的东西,使开发工作可以集中在比较关键、主要的部分;另一方面,在数据抽象过程中,对数据和操作的分析、辨别和定义可以帮助开发者对整个问题有更深入、准确的认识。

例如,人们不会把一辆汽车想象成一大堆成千上万的单个零件,而只会把它看成是一个拥有自己特殊行为的定义好的对象。这种抽象允许人们使用汽车而不管它的部件的复杂性。

我们也可以通过分层抽象,将汽车分成若干个子对象。从而将它分成若干个小对象来管理和使用。

对于一个传统的面向过程的程序,它的数据可以通过抽象转变构成它的对象。一系列过程步骤能够成为这些对象之间的信息集合。每一个对象描述它自己的独特行为。消息告诉它对象能够做什么,而我们可以将这些对象看成是对消息产生反应的具体存在。

2. 封装

封装就是利用抽象数据类型将数据和基于数据的操作封装在一起，数据被保护在抽象数据类型的内部，系统的其他部分只有通过封装在数据外部的被授权的操作，才能够与这个抽象数据类型进行交流。

在面向对象编程（OOP）中，抽象数据类型是利用类这种结构来实现的，每个类里面封装了相关的数据和操作。在实际的开发过程中，类用来构建系统内部的模块，由于封装性把类内的数据保护得很好，模块与模块之间仅仅通过严格控制的界面进行交互，使它们之间的耦合和交叉大大减少，从而降低了开发过程的复杂性，提高效率和质量，减少了可能的错误，同时也保证了程序中数据的完整性和安全性。

在面向对象编程（OOP）中，这种封装的特性，使得类或模块的可重用性大地提高。封装使得抽象数据类型对内成为一个结构，可自我管理；对外则是一个功能明确、接口单一、可独立工作的有机单元。这样的有机单元特别有利于构建、开发大型标准化的应用软件系统，可以大幅度地提高生产效率，缩短开发周期和降低开发费用。

7.2.2 继承

面向对象编程（OOP）语言的一个主要特性就是"继承"。继承是指这样一种能力：它可以使用现有类的所有功能，并在无须重新编写原来的类的情况下对这些功能进行扩展。

通过继承创建的新类称为"子类"或"派生类"。

被继承的类称为"基类"、"父类"或"超类"。

继承的过程，就是从一般到特殊的过程。

要实现继承，可以通过"继承"（Inheritance）和"组合"（Composition）来实现。

在某些面向对象编程语言中，一个子类可以继承多个基类。但在一般情况下，一个子类只能有一个基类，要实现多重继承，可以通过多级继承来实现。

继承概念的实现方式有三类：实现继承、接口继承和可视继承。

（1）实现继承是指使用基类的属性和方法而无须额外编码的能力。

（2）接口继承是指仅使用属性和方法的名称、但是子类必须提供实现的能力。

（3）可视继承是指子窗体（类）使用基窗体（类）的外观和实现代码的能力。

在考虑使用继承时，需要注意的是，两个类之间的关系应该是"属于"关系。例如，Employee 是一个人，Manager 也是一个人，因此这两个类都可以继承 Person 类。但是，Leg 类却不能继承 Person 类，因为腿并不是一个人。

抽象类仅定义将由子类创建的一般属性和方法，创建抽象类时,请使用关键字 Interface 而不是 Class。

面向对象的开发范式大致为：划分对象→抽象类→将类组织成为层次化结构（继承和合成）→用类与实例进行设计和实现几个阶段。

7.2.3 多态

多态性(Polymorphisn)是允许用户将父对象设置成为一个或更多的子对象的技术,赋值之后,父对象就可以根据当前赋值给它的子对象的特性以不同的方式运作。简单地说,就是一句话:允许将子类类型的指针赋值给父类类型的指针。

实现多态有两种方式:覆盖和重载。

1. 覆盖

覆盖是指子类重新定义父类的函数的做法。

2. 重载

重载是指允许存在多个同名函数,而这些函数的参数表不同(或许参数个数不同,或许参数类型不同,或许两者都不同)。

重载的实现是:编译器根据函数不同的参数表,对同名函数的名称做修饰,然后这些同名函数就成了不同的函数(至少对于编译器来说是这样的)。例如有两个同名函数:function func(p:integer):integer 和 function func(p:string):integer。编译器做过修饰后的函数名称可能是这样的:int_func、str_func。对于这两个函数的调用,在编译器间就已经确定了,是静态的。也就是说,它们的地址在编译期就已绑定了(早绑定),因此,重载和多态无关!真正和多态相关的是"覆盖"。当子类重新定义了父类的函数后,父类指针根据赋给它的不同的子类指针,动态地调用属于子类的该函数,这样的函数调用在编译期间是无法确定的(调用的子类的虚函数的地址无法给出)。因此,这样的函数地址是在运行期绑定的(晚邦定)。

封装可以隐藏实现细节,使得代码模块化;继承可以扩展已存在的代码模块(类);它们的目的都是代码重用。多态则是为了实现另一个目的——接口重用。多态的作用就是为了类在继承和派生的时候,保证使用"家谱"中任一类的实例的某一属性时的正确调用。

任务 7.3 程序设计语言

7.3.1 程序设计语言

程序设计语言通常简称为编程语言,是一组用来定义计算机程序的语法规则。一种计算机语言让程序员能够准确地定义计算机所需要使用的数据,并精确地定义在不同情况下所应当采取的行动。

程序设计语言原本是被设计成专门使用在计算机上的,但它们也可以用来定义算法或者数据结构。正是因为如此,程序员才试图使程序代码更容易阅读。

程序设计语言往往使程序员能够比使用机器语言更准确地表达他们所想表达的目的。对那些从事计算机科学的人来说,懂得程序设计语言是十分重要的,当今社会信息处理几乎都需要程序设计语言才能完成。

7.3.2 程序设计语言分类

自 20 世纪 60 年代以来，世界上公布的程序设计语言已有上千种之多，但是只有很小一部分得到了广泛的应用。从发展历程来看，程序设计语言可以分为以下 4 代。

1. 第一代语言（机器语言）

机器语言是由二进制 0、1 代码指令构成的，不同的 CPU 具有不同的指令系统。机器语言程序难编写、难修改、难维护，需要用户直接对存储空间进行分配，编程效率极低。目前，这种语言已经被淘汰。

2. 第二代语言（汇编语言）

因为汇编语言指令是机器指令的符号化，与机器指令存在着直接的对应关系，所以汇编语言同样存在着难学难用、容易出错、维护困难等缺点。但是，汇编语言也有自己的优点：可直接访问系统接口，汇编程序翻译成的机器语言程序的效率高。从软件工程角度来看，只有在高级语言不能满足设计要求，或不具备支持某种特定功能的技术性能（如特殊的输入/输出）时，汇编语言才被使用。

3. 第三代语言（高级语言）

高级语言是面向用户的、基本上独立于计算机种类和结构的语言，其最大的优点是：形式上接近于算术语言和自然语言，概念上接近于人们通常使用的概念。高级语言的一个命令可以代替几条、几十条甚至几百条汇编语言的指令。因此，高级语言易学易用，通用性强，应用广泛。

高级语言的种类繁多，可以从应用特点和对客观系统的描述两个方面对其进一步分类。

1）从应用角度分类

从应用角度来看，高级语言可以分为基础语言、结构化语言和专用语言。

（1）基础语言。基础语言也称通用语言。它有大量的已开发的软件库，拥有众多的用户，为人们所熟悉和接受。属于这类语言的有 FORTRAN、COBOL、BASIC、ALGOL 等。FORTRAN 语言是目前国际上广为流行、也是使用得最早的一种高级语言。BASIC 语言是在 20 世纪 60 年代初为适应分时系统而研制的一种交互式语言，可用于一般的数值计算与事务处理。BASIC 语言结构简单，易学易用，并且具有交互能力，成为许多初学者学习程序设计的入门语言。

（2）结构化语言。自 20 世纪 70 年代以来，结构化程序设计和软件工程的思想日益为人们所接受和欣赏。在它们的影响下，先后出现了一些很有影响的结构化语言，这些结构化语言直接支持结构化的控制结构，具有很强的过程结构和数据结构能力。Pascal、C、Ada 语言就是它们的突出代表。

Pascal 语言是第一个系统地体现结构化程序设计概念的现代高级语言，软件开发的最初目标是把它作为结构化程序设计的教学工具。由于它模块清晰、控制结构完备、有丰富的数据类型和数据结构、语言表达能力强、移植容易，不仅被国内外许多高等院校定为教学语言，而且在科学计算、数据处理及系统软件开发中都有较广泛的应用。

C 语言功能丰富，表达能力强，有丰富的运算符和数据类型，使用灵活方便，应用面广，移植能力强，编译质量高，目标程序效率高，具有高级语言的优点。同时，C 语言还具有低级语言的许多特点。用 C 语言编译程序产生的目标程序，其质量可以与汇编语言产生的目标程序相媲美，具有"可移植的汇编语言"的美称，成为编写应用软件、操作系统和编译程序的重要语言之一。

（3）专用语言。为某种特殊应用而专门设计的语言，通常具有特殊的语法形式。一般来说，这种语言的应用范围狭窄，移植性和可维护性不如结构化程序设计语言。目前使用的专业语言已有数百种，应用比较广泛的有 APL 语言、Forth 语言、LISP 语言。

2）从客观系统的描述分类

从描述客观系统来看，程序设计语言可以分为面向过程语言和面向对象语言。

（1）面向过程语言。以"数据结构+算法"程序设计范式构成的程序设计语言，称为面向过程语言。前面介绍的程序设计语言大多为面向过程语言。

（2）面向对象语言。以"对象+消息"程序设计范式构成的程序设计语言，称为面向对象语言。目前比较流行的面向对象语言有 Delphi、Visual BASIC、Java、C++等。

Delphi 语言具有可视化开发环境，提供面向对象的编程方法，可以设计各种具有 Windows 风格的应用程序（如数据库应用系统、通信软件和三维虚拟现实等），也可以开发多媒体应用系统。

Visual BASIC 语言简称 VB，是为开发应用程序而提供的开发环境与工具。它具有很好的图形用户界面，采用面向对象和事件驱动的新机制，把过程化和结构化编程集合在一起。它在应用程序开发中采用图形化组件，无须编写任何程序，就可以方便地创建应用程序界面，并且与 Windows 界面非常相似，甚至是一致的。

Java 语言是一种面向对象的、不依赖于特定平台的程序设计语言，简单、可靠、可编译、可扩展、多线程、结构中立、类型显示说明、动态存储管理、易于理解，是一种理想的、用于开发 Internet 应用软件的程序设计语言。

4. 第四代语言（简称 4GL）

4GL 是非过程化语言，编码时只需说明"做什么"，不需描述算法细节。数据库查询和应用程序生成器是 4GL 的两个典型应用。用户可以用数据库查询语言（SQL）对数据库中的信息进行复杂的操作。用户只需将要查找的内容在什么地方、根据什么条件进行查找等信息告诉 SQL，SQL 将自动完成查找过程。应用程序生成器则是根据用户的需求"自动生成"满足需求的高级语言程序。

真正的第四代程序设计语言应该说还没有出现。目前，所谓的第四代语言大多是指基于某种语言环境上具有 4GL 特征的软件工具产品，如 System Z、PowerBuilder、Focus 等。

第四代程序设计语言是面向应用、为最终用户设计的一类程序设计语言。它具有缩短应用开发过程、降低维护代价、最大限度地减少调试过程中出现的问题以及对用户友好等优点。

任务7.4 程序复杂度

程序复杂度主要指模块内程序的复杂性。它直接关系到软件开发费用的多少、开发周期的长短和软件内部潜伏错误的多少，同时它也是软件可理解性的另一种度量。

减少程序复杂性，可提高软件的简单性和可理解性，并使软件开发费用减少，开发周期缩短，软件内部潜藏错误减少。

7.4.1 时间复杂度

一般情况下，算法的基本操作重复执行的次数是模块 n 的某一个函数 f(n)，因此，算法的时间复杂度记做：$T(n)=O(f(n))$

随着模块 n 的增大，算法执行的时间的增长率和 f(n) 的增长率成正比，所以 f(n) 越小，算法的时间复杂度越低，算法的效率越高。

在计算时间复杂度的时候，先找出算法的基本操作，然后根据相应的各语句确定它的执行次数，再找出 T(n) 的同数量级（它的同数量级有以下几项：1，Log2n，n，nLog2n，n 的平方，n 的三次方，2 的 n 次方，n!），找出后，f(n)=该数量级，若 T(n)/f(n) 求极限可得到一常数 c，则时间复杂度 $T(n)=O(f(n))$。

7.4.2 空间复杂度

空间复杂度是程序运行所需要的额外消耗存储空间，也用 O() 来表示。

一个算法的优劣主要从算法的执行时间和所需要占用的存储空间两个方面衡量，算法执行时间的度量不是采用算法执行的绝对时间来计算的，因为一个算法在不同的机器上执行所花的时间不一样，在不同时刻也会由于计算机资源占用情况的不同，而使算法在同一台计算机上执行的时间也不一样，所以对于算法的时间复杂性，在采用算法执行过程中，其基本操作的执行次数称为计算量度量。

算法中基本操作的执行次数一般是与问题规模有关的，对于结点个数为 n 的数据处理问题，用 T(n) 表示算法中基本操作的执行次数。在评价算法的时间复杂性时，不考虑两个算法执行次数之间的细小区别，而只关心算法的本质差别。

为此，引入一个所谓的 O() 号，则 $T1(n)=2n=O(n), T2(n)=n+1=O(n)$。如果一个函数 f(n) 是 O(g(n)) 的，则一定存在正常数 c 和 m，使对所有的 n>m，都满足 $f(n)<c*g(n)$。

小　　结

结构化程序设计已经满足不了当代程序设计需求，但是关于结构化编程的思想仍然很重要，传统的结构化分析与设计开发方法是一个线性过程。因此，传统的结构化分析与设计方法要求现实系统的业务管理规范，处理数据齐全，设计人员能全面完整地掌握其业务需求。

传统的软件结构和设计方法难以适应软件生产自动化的要求,因为它以过程为中心进行功能组合,软件的扩充和复用能力很差。

对象是一个现实实体的抽象,由现实实体的过程或信息来定义。一个对象可被认为是一个把数据(属性)和程序(方法)封闭在一起的实体,这个程序产生该对象的动作或对它接收到的外界信号的反应,这些对象操作有时称为方法。对象是个动态的概念,其中的属性反映了对象的当前状态。

类用来描述具有相同的属性和方法的对象的集合。它定义了该集合中每个对象所共有的属性和方法。对象是类的实例。

因为对象是对现实世界实体的模拟,所以更容易理解需求,即使用户和分析者之间具有不同的教育背景和工作特点,也可很好地沟通。

实 验 实 训

1. 实训目的

(1)理解类的继承的概念。
(2)理解多态的概念。

2. 实训要求

(1)启动 Visual Studio 2005,实现类的继承和多态。
(2)完成实验报告。

3. 实训项目——类的派生

(1)新建一个【项目】,项目名称为"创建派生类"。

(2)定义基类 Student 与派生类 Student_1,单击【创建】按钮,创建并显示派生类对象的信息。基类字段声明为 Public,包括"学号"、"姓名"、"性别"、"年龄"等。派生类字段声明为 Public,包括"成绩 1"、"成绩 2"。

(3)在窗体 Form1 中拖放多个 ListBox 控件和一个 Button 控件,修改相应的属性,其中将 Button1 的 Text 属性改为"创建"。

(4)创建按钮单击事件。
(5)在相应事件中添加相应代码。

习 题

1. 选择题

(1)在下列标志符中,不合法的用户标志符为(   )。
A. a#b   B. _int   C. a_10   D. Pad

(2)每个类(   )构造函数。

A. 只能有一个 B. 只可有共有的
C. 可以有多个 D. 只可有默认的

（3）在私有继承的情况下，基类成员在派生类中的访问权限（　　）。

A. 受限制 B. 保持不变
C. 受保护 D. 随着计算机的发展而变化

（4）对象的三要素是（　　）。

A. 窗口、事件、消息 B. 窗口、数据、动作
C. 属性、方法、事件 D. 数据、函数、动作

（5）程序的三种基本控制结构是（　　）。

A. 数组、递推、排序 B. 递归、递推、迭代
C. 顺序、选择、循环 D. 递归、子程序、分程序

2. 填空题

（1）计算机技术常用的抽象分为____抽象与____抽象。

（2）封装就是利用抽象数据类型将____和基于数据的____封装在一起。

（3）实现多态有两种方式，分别是____和____。

3. 思考题

（1）为什么说类对对象的概念是客观世界的反映？

（2）简单解释什么是面向对象程序设计的封装性。

（3）程序设计语言共分为几代？每一代的特点是什么？

项目8 软件测试

虽然在系统开发过程中采取了多种措施来保证软件质量,但是在实际开发过程中还是不可避免地会产生差错。系统中通常可能隐藏着错误和缺陷,未经周密测试的系统投入运行,将会造成后果。因此,软件测试是系统开发过程中为保证软件质量必须进行的工作。

项目要点:
- 了解软件测试的目的和原则。
- 了解软件错误的分类。
- 理解软件测试的过程和策略。
- 掌握程序静态测试的方法。
- 了解程序调试的概念。
- 掌握软件测试中的可靠性分析方法。

任务 8.1 软件测试基础

8.1.1 什么是软件测试

软件测试是为了发现错误而执行程序的过程。或者说,软件测试是根据软件开发各阶段的规格说明和程序的内部结构而精心设计一批测试用例(输入数据及其预期的输出结果),并利用这些测试用例去运行程序,以发现程序错误的过程。

软件测试在软件生命周期中横跨两个阶段:通常在编写出每一个模块之后就对它做必要的测试(称为单元测试)。模块的编写者与测试者是同一个人。编码与单元测试属于软件生命周期中的同一个阶段。在这个阶段结束之后,对软件系统还要进行各种综合测试,这是软件生命周期的另一个独立的阶段,即测试阶段,通常由专门的测试人员承担这项工作。

8.1.2 软件测试的目的和原则

1. 软件测试的目的

Grenford J. Myers 就软件测试目的提出以下观点:
(1) 测试是程序的执行过程,目的在于发现错误。
(2) 一个好的测试用例在于能发现至今未发现的错误。
(3) 一个成功的测试是发现了至今未发现的错误的测试。

设计测试的目标是以最少的时间和人力,系统地找出软件中潜在的各种错误和缺陷。如果我们成功地实施了测试,就能够发现软件中的错误。测试的附带收获是,它能够证明软件的功能和性能与需求说明相符合。此外,实施测试收集到的测试结果数据为可靠性分析提供了依据。

测试不能表明软件中不存在错误,它只能说明软件中存在错误。

2. 软件测试的原则

(1) 应当把"尽早地和不断地进行软件测试"作为软件开发者的座右铭。不应把软件测试仅仅看成是软件开发的一个独立阶段,而应当把它贯穿到软件开发的各个阶段中。坚持在软件开发的各个阶段的技术评审,才能在开发过程中尽早发现和预防错误,把出现的错误克服在早期,消除某些发生错误的隐患。

(2) 测试用例应由测试输入数据和与之对应的预期输出结果这两部分组成。测试之前应当根据测试的要求选择测试用例(Test Case),用来检验程序员编制的程序,因此不但需要测试的输入数据,而且需要针对这些输入数据的预期输出结果。

(3) 程序员应避免检查自己的程序。程序员应尽可能避免测试自己编写的程序,程序开发小组也应尽可能避免测试本小组开发的程序。如果条件允许,最好建立独立的软件测试小组或测试机构。这点不能与程序的调试(Debuging)相混淆。调试由程序员自己来做可能更有效。

(4) 在设计测试用例时,应当包括合理的输入条件和不合理的输入条件。合理的输入条件是指能验证程序正确的输入条件,不合理的输入条件是指异常的、临界的、可能引起问题异变的输入条件。软件系统处理非法命令的能力必须在测试时受到检验。用不合理的输入条件测试程序时,往往比用合理的输入条件进行测试能发现更多的错误。

(5) 充分注意测试中的群集现象。若在被测程序段发现错误数目多,则残存错误数目也比较多。这种错误群集性现象,已为许多程序的测试实践所证实。根据这个规律,应当对错误群集的程序段进行重点测试,以提高测试投资的效益。

(6) 严格执行测试计划,排除测试的随意性。测试之前应仔细考虑测试的项目,对每一项测试做出周密的计划,包括被测程序的功能、输入和输出、测试内容、进度安排、资源要求、测试用例的选择、测试的控制方式和过程等,还要包括系统的组装方式、跟踪规程、调试规程、回归测试的规定,以及评价标准等。对于测试计划,要明确规定,不要随意解释。

（7）应当对每一个测试结果做全面检查。有些错误的特征在输出实测结果时已经明显地出现了，如果不仔细地全面地检查测试结果，就会使这些错误被遗漏。所以必须对预期的输出结果明确定义，对实测的结果仔细分析检查，抓住特征，暴露错误。

（8）妥善保存测试计划、测试用例、出错统计和最终分析报告，为维护提供方便。

8.1.3 程序错误分类

由于人们对错误有不同的理解和认识，所以目前还没有一个统一的错误分类方法。错误难于分类的原因：一方面是由于一个错误有许多征兆，因而它可以被归入不同的类；另一方面是因为把一个给定的错误归于哪一类，与错误的来源和程序员的心理状态有关。

1. 按错误的影响和后果分类

（1）较小错误。只对系统输出有一些非实质性影响，如输出的数据格式不符合要求等。

（2）中等错误。对系统的运行有局部影响，如输出的某些数据有错误或出现冗余。

（3）较严重错误。系统的行为因错误的干扰而出现明显不合情理的现象。比如开出了0.00元的支票，系统的输出完全不可信赖。

（4）严重错误。系统运行不可跟踪，一时不能掌握其规律，时好时坏。

（5）非常严重的错误。系统运行中突然停机，其原因不明，无法软启动。

（6）最严重的错误。系统运行导致环境破坏，或是造成事故，引起生命、财产的损失。

2. 按错误的性质和范围分类

按错误的性质和范围分类，把软件错误分为以下5类。

（1）功能错误。

① 规格说明错误：规格说明可能不完全，有二义性或自身矛盾。

② 功能性错误：程序实现的功能与用户要求的不一致。这常常是由于规格说明中包含错误的功能、多余的功能或遗漏的功能。

③ 测试错误：软件测试的设计与实施发生错误。软件测试自身也可能发生错误。

④ 测试标准引起的错误：对软件测试的标准要选择适当。若测试标准太复杂，则导致测试过程出错的可能性就大。

（2）系统错误。

① 外部接口错误：外部接口指终端、打印机、通信线路等系统与外部环境通信的手段。在所有外部接口之间，人与机器之间的通信都使用形式的或非形式的专门协议。如果协议有错，或太复杂，难以理解，则导致在使用中出错。此外，还包括对输入/输出格式的错误理解、对输入数据不合理的容错等。

② 内部接口错误：内部接口指程序之间的联系。它所发生的错误与程序内实现的细节有关，如设计协议错误、输入/输出格式错误、数据保护不可靠、子程序访问错误等。

③ 硬件结构错误：这类错误在于不能正确地理解硬件如何工作。例如，忽视或错误地理解分页机构、地址生成、通道容量、I/O指令、中断处理、设备初始化和启动等而导致出错。

④ 操作系统错误：这类错误主要是由于不了解操作系统的工作机制而导致出错。当然，操作系统本身也有错误，但是一般用户很难发现这种错误。

⑤ 软件结构错误：由于软件结构不合理或不清晰而引起的错误。这种错误通常与系统的负载有关，而且往往在系统满载时才出现。这是最难发现的一类错误。例如，错误地设置局部参数或全局参数；错误地假定寄存器与存储器单元初始化了；错误地假定不会发生中断而导致不能封锁或开启中断；错误地假定程序可以绕过数据的内部锁而导致不能关闭或打开内部锁；错误地假定被调用子程序常驻内存或非常驻内存等，都将导致软件出错。

⑥ 控制与顺序错误：忽视了时间因素而破坏了事件的顺序，猜测事件出现在指定的序列中，等待一个不可能发生的条件，漏掉先决条件，规定错误的优先级或程序状态，漏掉处理步骤，存在不正确的处理步骤或多余的处理步骤等。

⑦ 资源管理错误：这类错误是由于不正确地使用资源而产生的。例如，使用未经获准的资源；使用后未释放资源；资源死锁；把资源链接在错误的队列中等。

(3) 加工错误。

① 算术与操作错误：指在算术运算、函数求值和一般操作过程中发生的错误，包括数据类型转换错误，除法溢出，错误地使用关系比较符，用整数与浮点数做比较等。

② 初始化错误：典型的错误有忘记初始化工作区，忘记初始化寄存器和数据区；错误地对循环控制变量赋初值；以不正确的格式、数据或类型进行初始化等。

③ 控制和次序错误：这类错误与系统级同名错误类似，但它是局部错误，包括遗漏路径，不可达到的代码，不符合语法的循环嵌套，循环返回和终止的条件不正确，漏掉处理步骤或处理步骤有错等。

④ 静态逻辑错误：不正确地使用 CASE 语句，在表达式中使用不正确的否定（例如用 ">" 代替 "<" 的否定），对情况不适当地分解与组合，混淆 "或" 与 "异或" 等。

(4) 数据错误。

① 动态数据错误：动态数据是在程序执行过程中暂时存在的数据。各种不同类型的动态数据在程序执行期间将共享一个共同的存储区域。若程序启动时对这个区域未初始化，就会导致数据出错。由于动态数据被破坏的位置可能与出错的位置在距离上相差很远，因此要发现这类错误比较困难。

② 静态数据错误：静态数据在内容和格式上都是固定的。它们直接或间接地出现在程序或数据库中。由编译程序或其他专门程序对它们做预处理。这是在程序执行前防止静态错误的好办法，但预处理也会出错。

③ 数据内容错误：数据内容是指存储在存储单元或数据结构中的位串、字符串或数字。数据内容本身没有特定的含义，除非通过硬件或软件给予解释。数据内容错误就是由于内容被破坏或被错误地解释而造成的错误。

④ 数据结构错误：数据结构是指数据元素的大小和组织形式。在同一存储区域中可以定义不同的数据结构。数据结构错误主要包括结构说明错误及把一个数据结构误当做另一类数据结构使用的错误。这是更危险的错误。

⑤ 数据属性错误：数据属性是指数据内容的含义或语义，如整数、字符串、子程序等。数据属性错误主要包括对数据属性不正确的解释，如错把整数当实数、允许不同类型数据混合运算而导致的错误等。

(5)代码错误。主要包括语法错误、打字错误、对语句或指令不正确理解所产生的错误。

3. 按软件生存期阶段分类

Good Enough-Gerhart 分类方法把软件的逻辑错误按生命周期的不同阶段分为以下 4 类。

(1)问题定义(需求分析)错误。它们是在软件定义阶段,分析员研究用户的要求后所编写的文档中出现的错误。换句话说,这类错误是由于问题定义不满足用户的要求而导致的错误。

(2)规格说明错误。这类错误是指规格说明与问题定义不一致所产生的错误。它们又可以细分成以下错误。

① 不一致性错误:规格说明中功能说明与问题定义发生矛盾。
② 冗余性错误:规格说明中某些功能说明与问题定义相比是多余的。
③ 不完整性错误:规格说明中缺少某些必要的功能说明。
④ 不可行错误:规格说明中有些功能要求是不可行的。
⑤ 不可测试错误:有些功能的测试要求是不现实的。

(3)设计错误。系统的设计与需求规格说明中的功能说明不相符。它们又可以细分为以下错误。

① 设计不完全错误:某些功能没有被设计或设计得不完全。
② 算法错误:算法选择不合适。主要表现为算法的基本功能不满足功能要求、算法不可行或者算法的效率不符合要求。
③ 模块接口错误:模块结构不合理;模块与外部数据库的界面不一致,模块之间的界面不一致。
④ 控制逻辑错误:控制流程与规格说明不一致,控制结构不合理。
⑤ 数据结构错误:数据设计不合理,与算法不匹配,数据结构不满足规格说明要求。

(4)编码错误。编码过程中的错误是多种多样的,大体可归为以下几种:数据说明错误、数据使用错误、计算错误、比较错误、控制流错误、界面错误、输入/输出错误,以及其他的错误。

因在不同的开发阶段,错误的类型和表现形式是不同的,故应当采用不同的方法和策略来进行检测。

任务 8.2 软件测试方法

8.2.1 黑盒测试和白盒测试

软件测试的种类大致可以分为人工测试和基于计算机的测试。基于计算机的测试可以分为黑盒测试和白盒测试。

1. 黑盒测试

根据软件产品的功能设计规格,在计算机上进行测试,以证实每个实现了的功能是否符合要求。这种测试方法就是黑盒测试。黑盒测试意味着测试要在软件的接口处进行。就是说，这种方法是把测试对象看做一个黑盒子，测试人员完全不考虑程序内部的逻辑结构和内部特性，只依据程序的需求分析规格说明，检查程序的功能是否符合它的功能说明。

用黑盒测试发现程序中的错误，必须在所有可能的输入条件和输出条件中确定测试数据，来检查程序是否都能产生正确的输出。

2. 白盒测试

根据软件产品的内部工作过程，在计算机上进行测试，以证实每种内部操作是否符合设计规格要求，所有内部成分是否已经过检查。这种测试方法就是白盒测试。白盒测试把测试对象看做一个打开的盒子，允许测试人员利用程序内部的逻辑结构及有关信息，设计或选择测试用例，对程序所有逻辑路径进行测试。通过在不同点检查程序的状态，确定实际的状态是否与预期的状态一致。

不论是黑盒测试，还是白盒测试，都不可能把所有可能的输入数据都拿来进行所谓的穷举测试。因为可能的测试输入数据数目往往达到天文数字。

软件工程的总目标是充分利用有限的人力、物力资源，高效率、高质量、低成本地完成软件开发项目。在测试阶段，既然穷举测试不可行，为了节省时间和资源，提高测试效率，就必须从数量极大的可用测试用例中精心地挑选少量的测试数据，使得采用这些测试数据能够达到最佳的测试效果，能够高效率地把隐藏的错误找出来。

8.2.2 软件测试步骤

软件测试过程按 4 个步骤进行，即单元测试、集成测试、确认测试和系统测试（如图 8-1 所示）。单元测试集中对用源代码实现的每一个程序单元进行测试，检查各个程序模块是否正确地实现了规定的功能。然后进行集成测试，根据设计规定的软件体系结构，把已测试过的模块组装起来。在组装过程中，检查程序结构组装的正确性。确认测试则是要检查已实现的软件是否满足了需求规格说明中确定了的各种需求，以及软件配置是否完全、正确。最后是系统测试，把已经经过确认的软件纳入实际运行环境中，与其他系统成分组合在一起进行测试。

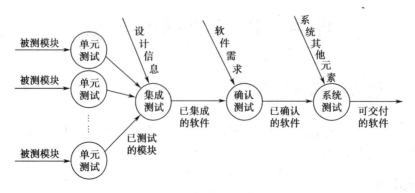

图 8-1　软件测试过程

1. 单元测试

单元测试针对程序模块，进行正确性检验的测试，其目的在于发现各模块内部可能存在的各种差错。单元测试需要从程序的内部结构出发设计测试用例。多个模块可以平行地独立进行单元测试。

1）单元测试的内容

（1）模块接口测试：对通过被测模块的数据流进行测试。对模块接口，包括参数表、调用子模块的参数、全程数据、文件输入/输出操作都必须检查。

（2）局部数据结构测试：设计测试用例检查数据类型说明、初始化、默认值等方面的问题，还要查清全程数据对模块的影响。

（3）路径测试：选择适当的测试用例，对模块中重要的执行路径进行测试。对基本执行路径和循环进行测试可以发现大量的路径错误。

（4）错误处理测试：检查模块的错误处理功能是否含有错误或缺陷。例如，是否拒绝不合理的输入；出错的描述是否难以理解、对错误定位是否有误、出错原因报告是否有误、对错误条件的处理是否正确；在对错误处理之前，错误条件是否已经引起系统的干预等。

（5）边界测试：要特别注意数据流、控制流中刚好等于、大于或小于确定的比较值时出错的可能性。对这些地方要仔细地选择测试用例，认真加以测试。

此外，如果对模块运行时间有要求，还要专门进行关键路径测试，以确定最坏情况下和平均意义下影响模块运行时间的因素。这类信息对进行性能评价是十分有用的。

2）单元测试的步骤

通常，单元测试在编码阶段进行。在源程序代码编制完成，经过评审和验证，确认没有语法错误之后，就开始进行单元测试的测试用例设计。利用设计文档，设计可以验证程序功能、找出程序错误的多个测试用例。对于每一组输入，应有预期的正确结果。

模块并不是一个独立的程序，在考虑测试模块时，同时要考虑它和外界的联系，用一些辅助模块去模拟与被测模块相联系的其他模块。这些辅助模块分为以下两种。

（1）驱动模块：相当于被测模块的主程序。它接收测试数据，把这些数据传送给被测模块，最后输出实测结果。

（2）桩模块：用以代替被测模块调用的子模块。桩模块可以做少量的数据操作，不需要包含子模块的所有功能，但不允许什么事情也不做。

被测模块与它相关的驱动模块及桩模块共同构成了一个"测试环境"（如图 8-2 所示）。

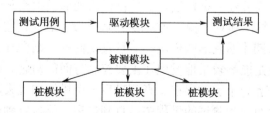

图 8-2　单元测试的测试环境

如果一个模块要完成多种功能，并且以程序包或对象类的形式出现，例如 Ada 中的包，可以将这个模块看成由几个小程序组成。对其中的每个小程序先进行单元测试要做的工作，对关键模块还要做性能测试。对支持某些标准规程的程序，更要着手进行互联测试。

2. 集成测试

在单元测试的基础上，需要将所有模块按照设计要求组装成系统。这时需要考虑：

（1）在把各个模块连接起来的时候，连接模块接口的数据是否会丢失。
（2）一个模块的功能是否会对另一个模块的功能产生不利的影响。
（3）各个子功能组合起来，能否达到预期要求的父功能。
（4）全局数据结构是否有问题。
（5）单个模块的误差累积起来，是否会放大，从而达到不能接受的程度。
（6）单个模块的错误是否会导致数据库错误。

选择什么方式把模块组装起来形成一个可运行的系统，直接影响到模块测试用例的形式、所用测试工具的类型、模块编号的次序和测试的次序，以及生成测试用例的费用和调试的费用。通常，把模块组装成系统的方式有以下两种方式。

（1）一次性集成方式。它是一种非增殖式集成方式。也叫做整体拼装。使用这种方式，首先对每个模块分别进行模块测试，然后再把所有模块组装在一起进行测试，最终得到要求的软件系统。

由于程序中不可避免地存在涉及模块之间接口、全局数据结构等方面的问题，所以一次试运行成功的可能性并不很大。

（2）增殖式集成方式。又称渐增式集成方式。首先对一个个模块进行模块测试，然后将这些模块逐步组装成较大的系统，在组装的过程中边连接边测试，以发现连接过程中产生的问题。最后通过增殖逐步组装成为要求的软件系统。

① 自顶向下的增殖方式：将模块按系统程序结构，沿控制层次自顶向下进行集成。由于这种增殖方式在测试过程中较早地验证了主要的控制和判断点。在一个功能划分合理的程序结构中，判断常出现在较高的层次，较早就能遇到。如果主要控制有问题，尽早发现它能够减少以后的返工。

② 自底向上的增殖方式：从程序结构的最底层模块开始组装和测试。因为模块是自底向上进行组装，对于一个给定层次的模块，它的子模块（包括子模块的所有下属模块）已经组装并测试完成，所以不再需要桩模块。在模块的测试过程中，需要从子模块得到的信息可以直接运行子模块得到。

③ 混合增殖式测试：自顶向下增殖的方式和自底向上增殖的方式各有优、缺点。自顶向下增殖方式的缺点是需要建立桩模块。要使桩模块能够模拟实际子模块的功能将是十分困难的。同时涉及复杂算法和真正输入/输出的模块一般在底层，它们是最容易出问题的模块，到组装和测试的后期才遇到这些模块，一旦发现问题，则会导致过多的回归测试。自顶向下增殖方式的优点是能够较早地发现在主要控制方面的问题。自底向上增殖方式的缺点是"程序一直未能作为一个实体存在，直到最后一个模块加上去后才形成一个实体"。也就是说，在自底向上组装和测试的过程中，直到最后才能接触到对软件起主要控制作用的模块。但这种方式的优点是不需要桩模块，而建立驱动模块一般比建立桩模块容易，同

时由于涉及复杂算法和真正输入/输出的模块最先得到组装和测试，可以在早期解决最容易出问题的部分。此外，自底向上增殖的方式可以实施多个模块的并行测试。

通常是把以上两种方式结合起来进行组装和测试。

（1）衍变的自顶向下的增殖测试：它的基本思想是强化对输入/输出模块和引入新算法模块的测试，并自底向上组装成为功能相当完整且相对独立的子系统，然后由主模块开始自顶向下进行增殖测试。

（2）自底向上—自顶向下的增殖测试：它首先对含读操作的子系统自底向上直至根结点模块进行组装和测试，然后对含写操作的子系统做自顶向下的组装与测试。

（3）回归测试：这种方式采取自顶向下的方式测试被修改的模块及其子模块，然后将这一部分视为子系统，再自底向上测试，以检查该子系统与其上级模块的接口是否适配。

3. 确认测试

确认测试又称有效性测试。它的任务是验证软件的有效性，即验证软件的功能和性能及其他特性是否与用户的要求一致。软件需求规格说明书描述了全部用户可见的软件属性，其中有一节称为有效性准则，它包含的信息就是软件确认测试的基础。

在确认测试阶段需要做的工作如图 8-3 所示。首先要进行有效性测试以及软件配置审查，然后进行验收测试和安装测试，在通过了专家鉴定之后，才能成为可交付的软件。

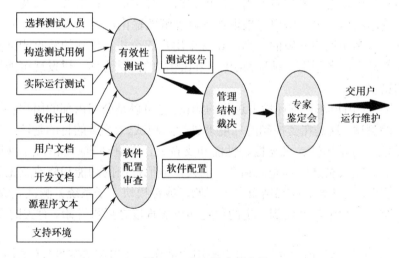

图 8-3　确认测试的步骤

1）进行功能测试

功能测试是在模拟的环境（可能就是开发的环境）下，运用黑盒测试的方法，验证被测软件是否满足需求规格说明书列出的需求。为此，需要首先制订测试计划，规定要做测试的种类。还需要制定一组测试步骤，描述具体的测试用例。通过实施预定的测试计划和测试步骤，确定软件的特性是否与需求相符，确保所有的软件功能需求都能得到满足，所有的软件性能需求都能得到满足，所有的文档都是正确且便于使用。同时对其他软件需求，例如可移植性、兼容性、出错自动恢复、可维护性等，也都要进行测试，确认是否满足。

2)软件配置审查

软件配置审查的目的是保证软件配置的所有成分都齐全,各方面的质量都符合要求,具有维护阶段所必需的细节,而且已经编排好分类的目录。

除了按合同规定的内容和要求,由人工审查软件配置之外,在确认测试的过程中,应当严格遵守用户手册和操作手册中规定的使用步骤,以便检查这些文档资料的完整性和正确性。必须仔细记录发现的遗漏和错误,并且适当地补充和改正。

3)验收测试

在通过了系统的有效性测试及软件配置审查之后,就应开始系统的验收测试。验收测试是以用户为主的测试。软件开发人员和 QA(质量保证)人员也应参加。由用户参加设计测试用例,使用用户界面输入测试数据并分析测试的输出结果。一般使用生产中的实际数据进行测试。在测试过程中,除了考虑软件的功能和性能外,还应对软件的可移植性、兼容性、可维护性、错误的恢复功能等进行确认。

4)α测试和β测试

在软件交付使用之后,用户将如何实际使用程序,对于开发者来说是无法预测的。因为用户在使用过程中常常会发生对使用方法的误解、异常的数据组合,以及产生对某些用户来说似乎是清晰的但对另一些用户来说却难以理解的输出,等等。

如果软件是为多个用户开发的产品,让每个用户逐个执行正式的验收测试是不切实际的。很多软件产品生产者采用一种称为α测试和β测试的测试方法,以发现可能只有最终用户才能发现的错误。

α测试是由一个用户在开发环境下进行的测试,也可以是公司内部的用户在模拟实际操作环境下进行的测试。这是在受控制的环境下进行的测试。α测试的目的是评价软件产品的FURPS(即功能、可使用性、可靠性、性能和支持),尤其注重产品的界面和特色。α测试人员是除产品开发人员之外首先见到产品的人,他们提出的功能和修改意见是特别有价值的。α测试可以从软件产品编码结束之时开始,或在模块(子系统)测试完成之后开始,也可以在确认测试过程中产品达到一定的稳定和可靠程度之后再开始。有关的手册(草稿)等应事先准备好。

β测试是由软件的多个用户在一个或多个用户的实际使用环境下进行的测试。与α测试不同的是,开发者通常不在测试现场。因此,β测试是在开发者无法控制的环境下进行的软件现场应用。在β测试中,由用户记下遇到的所有问题,包括真实的以及主观认定的,定期向开发者报告,开发者在综合用户的报告之后做出修改,最后将软件产品交付给全体用户使用。β测试主要衡量产品的 FURPS。着重于产品的支持性,包括文档、客户培训和支持产品生产能力。只有当α测试达到一定的可靠程度时,才能开始β测试。由于它处在整个测试的最后阶段,所以不能指望这时发现主要问题。同时,产品的所有手册文本也应该在此阶段完全定稿。由于β测试的主要目标是测试可支持性,所以β测试应尽可能由主持产品发行的人员来管理。

4. 系统测试

所谓系统测试,是将通过确认测试的软件,作为整个基于计算机系统的一个元素,与计算机硬件、外设、某些支持软件、数据和人员等其他系统元素结合在一起,在实际运行(使用)环境下,对计算机系统进行一系列的组装测试和确认测试。

系统测试的目的在于通过与系统的需求定义做比较,发现软件与系统定义不符合或与之矛盾的地方。系统测试用例应根据需求分析规格说明来设计,并在实际使用环境下运行。

任务 8.3 面向对象软件测试

8.3.1 面向对象软件测试的定义

典型的面向对象程序具有继承、封装和多态的新特性,这使得传统的测试策略必须有所改变。封装是对数据的隐藏,外界只能通过被提供的操作来访问或修改数据,这样降低了数据被任意修改和读写的可能性,降低了传统程序中对数据非法操作的测试。继承是面向对象程序的重要特点,继承使得代码的重用率提高,同时也使错误传播的概率提高。继承使得传统测试遇见了这样一个难题:对继承的代码究竟应该怎样测试?多态使得面向对象程序对外呈现出强大的处理能力,但同时却使得程序内"同一"函数的行为复杂化,测试时不得不考虑不同类型的具体执行的代码和产生的行为。

面向对象程序是把功能的实现分布在类中。能正确实现功能的类,通过消息传递来协同实现设计要求的功能。正是这种面向对象程序风格,能够将出现的错误精确定位在某一具体的类。因此,在面向对象编程(OOP)阶段,忽略类功能实现的细则,将测试集中在类功能的实现和相应的面向对象程序上,主要体现在以下两个方面。

1. 数据成员是否满足数据封装的要求

数据封装是数据和数据有关的操作的集合。检查数据成员是否满足数据封装的要求,基本原则是数据成员是否被外界(数据成员所属的类或子类以外的调用)直接调用。更直观地说,当改编数据成员的结构时,是否影响了类的对外接口?是否会导致相应外界必须改动?值得注意的是,有时强制的类型转换会破坏数据的封装特性。

2. 类是否实现了要求的功能

类所实现的功能,都是通过类的成员函数执行。在测试类的功能实现时,应该首先保证类成员函数的正确性。单独地看待类的成员函数,与面向过程程序中的函数或过程没有本质的区别,几乎所有传统的单元测试中所使用的方法都可在面向对象的单元测试中使用。类函数成员的正确行为只是类能够实现要求的功能的基础,类成员函数间的作用和类之间的服务调用是单元测试无法确定的。因此,需要进行面向对象的集成测试。需要着重声明,测试类的功能,不能仅满足于代码能无错运行或被测试类能提供的功能无错,应该以所做的面向对象设计(OOD)结果为依据,检测类提供的功能是否满足设计的要求,是否有缺陷。必要时(如通过 OOD 结果仍不明确的地方）还应该参照面向对象分析（OOA）的结果，以之为最终标准。

8.3.2 测试计划

测试计划是用来指导后续测试工作的规范文档，用来规划测试的进度、详细时间、人员、风险等事项。按照计划走，在实际执行过程中会少走路，碰到问题，大多也会很容易得到解决，或找到合适的解决办法。

测试计划有很多种类，有整体测试计划，也有阶段测试计划，这要看你所在的组织实际项目情况来定。总的来说，有《项目测试计划》、《系统测试计划》、《集成测试计划》、《单元测试计划》。

计划的编制建立在丰富的项目经验基础上，才能充分地掌控整个项目的走向，指导并引导测试工作朝着正确的方向健康地发展。

测试计划应在什么时候开始编写？是在项目计划确定后？还是在确定《需求规格说明》基线之后？还是在详细设计完成之后？其实这个问题比较笼统，要说明做什么样的测试计划。测试计划都是要以需求作为依据，明确了需要测什么，才能确定怎么测。《项目测试计划》是以《项目计划》为输入，服从于《项目计划》，以《项目计划》为参考标准制定的；《系统测试计划》对应的是《需求规格说明》；《集成测试计划》和《单元测试计划》对应的分别是《概要设计》和《详细设计》。如果就《项目测试计划》而言，可以在需求调研阶段就介入并开始着手编写，在《项目计划》确定并通过评审后正式定制。在实际情况中，一般来说，只编写一份测试计划，这就是泛讲的测试计划。这份计划如果有条件，就要从需求调研阶段介入，开始了解项目的需求和目标，在确定《需求规格说明》基线之后，开始制订《测试计划》。

测试计划主要包含以下内容。

（1）测试范围：描述本次测试的内容，如功能、性能、模块等。

（2）测试策略：也就是怎么测，如何测。

（3）测试类型：清晰地列出采取何种测试，如功能测试、GUI 测试、易用性测试等。在每种测试类型中还要说明测试的目标、采用的技术、完成的标准及相关的特殊事项等。

（4）测试工具：测试需要用到的工具、名称、厂商及版本号。

（5）测试资源：包括软/硬件资源、人力资源等。

（6）异常事项的处理：如遇到争执不下的问题时如何解决、找谁裁决、部门之间的合作等。

（7）测试的挂起与恢复：即在什么情况下不再继续执行测试，满足了什么条件再继续，以减少人员闲置浪费资源。

（8）测试风险：需要详细列出可能想到的在测试过程中会出现的风险以及规避的方法，例如在人员可能不稳定，会被其他项目借走时，测试工作应该如何应对。

（9）测试进度：详细地列出任务、时间、人员及所需工时。

（10）测试结束标准：说明满足什么条件本次测试工作才可以算结束。

（11）输出：明确测试结束后，需要交付的所有文档。

以上就是基本的测试计划需要包括的内容，可以根据实际情况添加或删减。

制定测试计划需要注意：

（1）计划时间宁可多一些，也不要少，以避免在测试执行阶段因为时间定得不够而捉襟见肘。但要符合实际情况，不能与实际偏离，否则会导致项目反复地变更，影响项目组的工作，以及测试人员的工作热情。

（2）测试计划可以长达几百页，也可以简单得只有一张纸。测试计划必须实用，不必把大量的人力和物力花费在测试计划上，要根据具体情况来确定。

（3）不要为了计划而计划，亡羊补牢的计划对于测试工作没有任何意义。

（4）计划不是一成不变的，可以随着工作的开展进行修改，但要控制修改力度、频率，频繁地修改就需要重新考虑计划定得是否合理了。

（5）有了计划就要按照计划来执行，前提是计划是合理并合适于本项目的，只制定不执行也就完全地失去了测试计划的作用。

测试计划完成后，需要进行评审和审核计划的正确性、全面性、可行性。在项目结束后，还应该对测试计划的执行情况进行分析总结，作为以后项目测试计划的经验积累下来，以提高测试计划的质量。

8.3.3 面向对象的测试

1. 面向对象的单元测试

传统的单元测试是针对程序的函数、过程或完成某一定功能的程序块。沿用单元测试的概念，实际测试类成员函数。一些传统的测试方法在面向对象的单元测试中都可以使用，如等价类划分法、因果图法、边值分析法、逻辑覆盖法、路径分析法、程序插装法等。单元测试一般建议由程序员完成。

用于单元测试进行的测试分析（提出相应的测试要求）和测试用例（选择适当的输入，达到测试要求），规模和难度等均远小于对整个系统的测试分析和测试用例，而且强调对语句应该有100%的执行代码覆盖率。在设计测试用例选择输入数据时，可以基于以下两个假设。

（1）如果函数（程序）对某一类输入中的一个数据正确执行，对同类中的其他输入也能正确执行。

（2）如果函数（程序）对某一复杂度的输入正确执行，对更高复杂度的输入也能正确执行。例如需要选择字符串作为输入时，基于本假设，就无须计较字符串的长度。除非字符串的长度是要求固定的，如IP地址字符串。在面向对象程序中，类成员函数通常都很小，功能单一，函数间调用频繁，容易出现一些不宜发现的错误。因此，在做测试分析和设计测试用例时，应该注意面向对象程序的这个特点，仔细地进行测试分析和设计测试用例，尤其是针对以函数返回值作为条件判断选择、字符串操作等情况。

面向对象编程的特性使得对成员函数的测试不完全等同于传统的函数或过程测试，尤其是继承特性和多态特性，使子类继承或重载的父类成员函数出现了在传统测试中未遇见的问题。其中主要考虑以下两个问题。

（1）继承的成员函数是否需要测试。对父类中已经测试过的成员函数，在下列两种情况下需要在子类中重新测试：

① 继承的成员函数在子类中做了改动。

② 成员函数调用了改动过的成员函数的部分。例如，假设父类 Base 有两个成员函数，即 Inherited()和 Redefined()，子类 Derived 只对 Redefined()做了改动。Derived::Redefined()显然需要重新测试。对于 Derived::Inherited()，如果它有调用 Redefined()的语句（如 x=x/Redefined()），就需要重新测试，反之，无此必要。

（2）对父类的测试是否能照搬到子类。沿用上面的假设，Base::Redefined()和 Derived::Redefined()已经是不同的成员函数，它们有不同的服务说明和执行。对此，照理应该对 Derived::Redefined()重新测试分析，设计测试用例。但由于面向对象的继承使得两个函数相似，故只需在 Base::Redefined()的测试要求和测试用例上添加对 Derived::Redefined()的新测试要求和增补相应的测试用例。例如，Base::Redefined()含有如下语句：

If (value<0) message ("less");

else if (value==0) message ("equal");

else message ("more");

在 Derived::Redefined()中定义为：

If (value<0) message ("less");

else if (value==0) message ("It is equal");

else

{message ("more");

if (value==88)message("luck");}

在原有的测试上，对 Derived::Redefined()的测试只需做如下改动：改动 value==0 的测试结果期望值，增加 value==88 的测试。

多态有几种不同的形式，如参数多态、包含多态、重载多态。包含多态和重载多态在面向对象语言中通常体现在子类与父类的继承关系上，对这两种多态的测试参见上述对父类成员函数继承和重载的论述。包含多态虽然使成员函数的参数可有多种类型，但通常只是增加了测试的繁杂程度。对于具有包含多态的成员函数测试，只需要在原有的测试分析基础上增加在测试用例中输入数据的类型。

2. 面向对象的集成测试

传统的集成测试，是由底向上通过集成完成的功能模块进行测试，一般可以在部分程序编译完成的情况下进行。对于面向对象程序，相互调用的功能是散布在程序的不同类中，类通过消息相互作用申请和提供服务。类的行为与它的状态密切相关，状态不仅仅是体现类数据成员的值，也许还包括其他类中的状态信息。由此可见，类相互依赖极其紧密，根本无法在编译不完全的程序上对类进行测试。因此，面向对象的集成测试通常需要在整个程序编译完成后进行。此外，面向对象程序具有动态特性，程序的控制流往往无法确定，因此也只能对整个编译后的程序做基于黑盒的集成测试。

面向对象的集成测试能够检测出相对独立的单元测试无法检测出、类相互作用才会产生的错误。基于单元测试对成员函数行为正确性的保证，集成测试只关注于系统的结构和内部的相互作用。面向对象的集成测试可以分成两步进行：先进行静态测试，再进行动态测试。

静态测试主要针对程序的结构进行，检测程序结构是否符合设计要求。现在流行的一些测试软件都能提供一种称为"可逆性工程"的功能,即通过原程序得到类关系图和函数功能调用关系图,将"可逆性工程"得到的结果与面向对象设计的结果相比较,检测程序结构和实现上是否有缺陷。换句话说,通过这种方法检测面向对象编程是否达到了设计要求。

动态测试设计测试用例时,通常需要上述的功能调用结构图、类关系图或者实体关系图作为参考,确定不需要被重复测试的部分,从而优化测试用例,减少测试工作量,使得进行的测试能够达到一定覆盖标准。测试所要达到的覆盖标准可以是:达到类的所有服务要求或服务提供的一定覆盖率;依据类之间传递的消息,达到对所有执行线程的一定覆盖率;达到类的所有状态的一定覆盖率等。同时,也可以考虑使用现有的一些测试工具来得到程序代码执行的覆盖率。

具体设计测试用例,可参考下列步骤。

(1)先选定检测的类,参考面向对象分析结果,仔细分析出类的状态和相应的行为、类或成员函数之间传递的消息、输入或输出的界定等。

(2)覆盖标准。

(3)利用结构关系图确定待测类的所有关联。

(4)根据程序中类的对象构造测试用例,确认使用什么输入激发类的状态、使用类的服务和期望产生什么行为等。

值得注意的是,在设计测试用例时,不但要设计确认类功能满足的输入,还应该有意识地设计一些被禁止的例子,确认类是否有不合法的行为产生,如发送与类状态不相适应的消息、要求不相适应的服务等。根据具体情况,动态的集成测试,有时也可以通过系统测试完成。

3. 面向对象的系统测试

通过单元测试和集成测试,仅能保证软件开发的功能得以实现,但不能确认在实际运行时,它是否满足用户的需要,是否大量存在实际使用条件下会被诱发产生错误的隐患。为此,对完成开发的软件必须经过规范的系统测试。换个角度说,开发完成的软件仅仅是实际投入使用系统的一个组成部分,需要测试它与系统其他部分配套运行的表现,以保证在系统各部分协调工作的环境下也能正常工作。系统测试应该尽量搭建与用户实际使用环境相同的测试平台,应该保证被测系统的完整性,对临时没有的系统设备部件,也应有相应的模拟手段。系统测试应该参考面向对象分析的结果,对应描述的对象、属性和各种服务,检测软件是否能够完全"再现"问题空间。系统测试不仅是检测软件的整体行为表现,而且也是对软件开发设计的再确认。

系统测试是对测试步骤的抽象描述,它体现的具体测试内容如下。

(1)功能测试:测试是否满足开发要求,是否能够提供设计所描述的功能,是否用户的需求都得到满足。功能测试是系统测试最常用和必需的测试,通常还会以正式的软件说明书为测试标准。

(2)强度测试:测试系统的能力最高实际限度,即软件在一些超负荷的情况、功能实现情况如要求软件某一行为的大量重复、输入大量的数据或大数值数据、对数据库大量复杂的查询等。

(3)性能测试:测试软件的运行性能。这种测试常常与强度测试结合进行,需要事先对被测软件提出性能指标,如传输连接的最长时限、传输的错误率、计算的精度、记录的精度、响应的时限和恢复时限等。

（4）安全测试：验证安装在系统内的保护机构确实能够对系统进行保护，使之不受各种干扰。安全测试时，需要设计一些测试用例来突破系统的安全屏障，以检验系统是否有安全保密的漏洞。

（5）恢复测试：采用人工干扰使软件出错并中断使用，以检测系统的恢复能力。特别是通信系统在恢复测试时，应该参考性能测试的相关测试指标。

（6）可用性测试：测试用户是否能够满意使用。具体体现为操作是否方便，用户界面是否友好等。

除了以上测试内容外，还有安装/卸载测试（Install/Uninstall Test）等。

系统测试需要对被测的软件结合需求分析做仔细的测试分析，建立测试用例。

8.3.4 测试类的层次结构

继承作为代码复用的一种机制，可能是面向对象软件开发产生巨大吸引力的一个重要因素。继承由扩展、覆盖和特例化三种基本机制实现。其中，扩展是子类自动包含父类的特征；覆盖是子类中的方法与父类中的方法有相同的名字、消息参数以及相同的接口，但方法的实现不同；特例化是子类中特有的方法和实例变量。好的面向对象程序设计要求通过非常规范的方式使用继承，即代码替代原则。在这种规则下，为一个类确定的测试用例集对该类的子类也是有效的。因此，额外的测试用例通常应用于子类。通过仔细分析根据父类定义的子类的增量变化，有时子类中的某些部分可以不做执行测试，因为应用于父类中的测试用例所测试的代码被子类原封不动地继承。

类的层次结构测试就是用来测试类的继承关系的技术，主要是用来测试层次关系的一系列类（包括父类和子类），其测试的方法有用于测试子类的分层增量测试和用于测试父类的抽象类测试。

分层增量测试（Hierarchical Incremental Testing，HIT）指通过分析来确定子类的哪些测试用例需要添加，哪些继承的测试用例需要运行以及哪些继承的测试用例不需要运行的测试方法。

从基类派生出派生类时，不必为那些未经变化的操作添加基于规范的测试用例，测试用例能够不加修改地复用。如果测试的操作没有以任何方式加以修改，就不必运行这些测试用例中的任何一个。如果一个操作的方法被间接地修改了，不但需要重新运行那些操作的任何一个测试用例，而且还需要运行附加的测试用例。

8.3.5 分布式对象测试

如今，很少有设计单个进程在单个处理机上执行的系统，为了获得灵活性和伸展性，许多系统都被设计成多个充分独立的部件，每个部件可以存在于一个独立的进程中，而整个系统的运行需要启动多个进程。这些进程不是分布在一台机器上，而是分布在多台机器上，借助于计算机通信或网络实现它们相互之间的协作，从而构成一个分布式系统。客户机/服务器模型是一种简单的分布式系统。在这种模型中，客户机和服务器部件被设计成存在于独立的进程中,服务器提供数据计算、处理、存储等管理工作,客户端接受用户的输入、请求、显示结果等工作,两者分工不同。随着计算机技术的发展,现在可以构造一个分布式服务器集群,通过并行技术实现复杂的或巨量的计算;也可以构造没有服务器的、分布式的、由客户端构成的对等网络(P2P)系统。

1. 分布式对象的概念和特点

线程是在一个系统进程内能够独立运行的内容,它拥有自己的计数器和本地数据。线程是能够被高度执行的最小单位。面向对象语言通过隐藏接口的属性或在某些情况下使线程对对象做出反应,以此提供一些简单的同步手段。这就意味着在对象接口中,同步是可见的,如何传递消息是同步中最关键的一环。在这种情况下,类测试并不能发现很多同步错误,只有当一系列对象交互作用时,才真正有机会发现错误。

当软件包含多个并发进程时,其特点是不确定性,完全地重复运行一个测试是很困难的。线程的准确执行是由操作系统安排的,与系统测试无关的程序变化可能会影响测试中的系统线程执行顺序。这就意味着如果出现失败,缺陷就必须被隔离并修复,不能因为在一个特定执行中没有发生错误就肯定缺陷被消除了。一般使用下列技术之一来进行测试。

(1)在类的层次上进行更彻底的测试。对用来产生分布式对象的类进行设计检查,应该确定类设计中是否提供了恰当的同步机制,动态类测试应该确定在受控制的测试环境中同步是否正常。

(2)在记录事件发生顺序的同时,执行大量的测试用例。这就增大了执行所有事件序列的可能性,而努力想发现的问题正是来源于事件执行的顺序。如果逐一执行所有的顺序,就能找到这些问题。

(3)指定标准的测试环境。从一台尽可能简单的机器开始,包括尽可能少的网络、调制解调器或其他共享设备互联。并确定应用程序能够在这个平台上运行。然后安装一套基本的应用程序,它将一直在此机器上运行。每个测试用例都应该描述在标准环境下所做的任何修改。还要包括进程开始的顺序。标准环境下的程序调试应允许测试者控制线程的创建、执行和删除的顺序。环境越大,共享和网络化的程度越高,要保持环境的一致性就越难。不论在哪里,我们都应该有测试实验室,并把测试机器与公共网络的其他部分隔离,这些机器专用于测试进程。

2. 分布式对象测试中需要注意的问题

(1)局部故障。由于以分布式系统为主的机器上的软件或硬件可能出错,分布式系统的部分代码有可能就不能执行,而运行在单一机器上的应用程序是不会遇到这类问题的。局部出错的可能性使我们应考虑针对网络连接的断开、失灵或关闭网络上的一个节点而发生故障的这类测试。这一点可以在实验室进行实现。

(2)超时。当一个请求发送到另一个系统时,网络系统通过设置定时器来避免死锁。如果在指定的时间内没有得到任何的响应,系统就放弃这个请求。这可能是由于系统死锁或网络上的机器太忙以致反应的时间比规定的时间要长。当出现请求被回答或未被回答时,软件应该能够做出正确的反应。在这两种情况下,反应是不同的。在网络机器上运行测试时,必须加载多种配置。

（3）结构的动态性。分布式系统通常具有依靠多种机器加载来改变自身配置的能力，比如特定请求的动态定向，系统的设计要允许多种机器参与进来，而且系统也需要根据大量的配置来重复测试。如果存在一组大量配置，对这些配置进行全部测试是可行的。另外，可能使用正交阵列测试系统这样的技术来选择一套特殊的测试配置。

（4）线程。作为进程的计算单元引进了线程的概念。在设计中，基本的权衡是以线程的数量为中心。增加线程的数量可以简化一定的算法和技术，但线程执行的顺序出现风险的机会更大。减少线程的数量可以减少这种顺序问题，但会使软件更为刻板且通常效率会更低。

（5）同步。当两个或两个以上的线程都必须访问一个存储空间时，就需要一定的机制来避免两个线程相互冲突。而且两个线程可能会同时对数据进行修改。在面向对象的语言中，同步会显得更为简单，因为这种机制局限于一般数据属性的修改方法，而且有不止一个特定的方法来避免实际数据的直接存取。

任务 8.4　软件测试报告

8.4.1　软件测试报告

软件测试报告是测试阶段的最后文档产出物。优秀的测试经理应该具备良好的文档编写能力。一份详细的测试报告应包含足够的信息，包括产品质量和测试过程的评价。测试报告基于测试中的数据采集以及对最终的测试结果分析。

8.4.2　测试报告模板

××软件测试报告

共×页

拟制：_____年　　月　　日。

审核：_____年　　月　　日。

会签：_____年　　月　　日。

批准：_____年　　月　　日。

1. 范围

本文档适用于××软件的单元/集成测试。

（1）系统概述。

（2）文档概述。本文档用于对××软件的测试工作阶段成果的描述，包括对软件测试的整体描述、软件测试的分类和级别、软件测试的过程描述、软件测试的结果等内容。

2. 引用文档

（1）《××软件需求规格说明》。

（2）《××软件设计说明》。

（3）《××系统接口协议》。

3. 测试概述

1）被测软件的基本概况

（1）使用的编程语言：×××汇编语言。

（2）程序行数：1590。

（3）子程序个数：11。

（4）单行注释行数：669。

（5）注释率：约为42%。

2）测试小结

本次测试对××软件进行了静态分析和动态测试。测试工作分为两个阶段。第一阶段进行了软件静态分析，软件测试人员和开发人员分别对软件 V1.00 版本的代码进行走查。在此基础上，软件开发人员对代码走查中发现的问题进行了修改，做了 97 处代码变更并提交了 V1.01 版本进行动态测试。

在测试过程中，针对发现的软件缺陷进行了初步分析，并提交程序设计人员对原软件中可能存在的问题进行考查。在软件测试中，首先，根据软件测试的规范进行考核，解决书写规范、注释等基础问题；然后，考核软件测试中的问题是否存在设计上的逻辑缺陷，如果存在设计缺陷，则应分析该缺陷的严重程度以及可能引发的故障。软件开发人员在以上基础上对软件的不足做出相应的修改，同时通过软件回归测试验证软件修改后能够得到的改善结果。

软件代码 V1.00 与 V1.01 版变更明细表如表 8-1 所示。

表 8-1 软件代码 V1.00 与 V1.01 版变更明细表

编号	V1.00 版行号	V1.01 版行号	更改说明
1	19	22	注释变更
2	26	29	注释变更
3	29	32	注释变更
4	95	98	注释变更
5	108 行后	113～116	增加新变量
6	171、172	180、181	命令字大小写变更
7	以下略		

从表 8-1 可以看出，注释变更一共有 15 处，主要排除了对原程序的理解错误问题；根据程序的书写规范要求，将一行多条语句改为一行一条语句的更改一共有 42 处；命令字大小写变更一共有 7 处；在代码走查中对冗余和无用的代码做了更改，将这些代码注释掉，此类更改一共有 14 处。上述 4 类更改一共有 78 处，这些更改对程序本身的功能没有任何影响，但从软件规范的角度来看，提高了程序的可读性和规范性。

其余 19 处变更为代码变更，主要是在软件测试中发现原程序的可靠性不足，在不改变原程序功能的基础上相应地增加了新变量、新语句、新程序，以提高整个程序的可靠性。

在动态测试阶段进行了单元测试和集成测试。此阶段发现的软件问题经软件测试人员修改，提交了 V1.02 版本，软件测试人员对此版本的软件代码进行了回归测试，确认对前一阶段发现的软件问题进行了修改，消除了原有的软件问题，并且确认没有引入新的软件问题。认定 V1.02 版为可以发行的软件版本。

（1）静态分析小结。

静态测试采用人工代码走查的方式进行。参加代码走查的软件开发人员有：（略）；参加代码走查的软件测试人员有：（略）。代码走查以代码审查会议的形式进行。静态分析过程中共进行了 4 次会议审查。静态测试阶段的主要工作内容如下。

① 根据对软件汇编源代码的分析绘制详细的程序流程图和调用关系图。

② 对照软件汇编源代码和流程图进行程序逻辑分析、算法分析、结构分析和接口分析。

③ 对软件汇编源代码进行编程规范化分析。

通过静态测试查找出软件的缺陷有下列 18 个。

① 轻微缺陷：4 个，占所有缺陷的 22.2%。

② 中等缺陷：11 个，占所有缺陷的 61.1%。

③ 严重缺陷：3 个，占所有缺陷的 16.7%。

上述软件缺陷见附件《软件问题报告单》。

（2）动态测试小结。

动态测试使用的测试工具为×××软件集成开发环境。

总共有 143 个测试用例，全部由测试人员人工设计。其中，单元测试用例有 138 个，集成测试用例有 5 个。

发现的软件缺陷有 2 个，都是在单元测试过程中发现的。在集成测试阶段未发现新的软件缺陷。发现的软件缺陷如下。

① 中等缺陷：1 个，占所有缺陷的 50%。

② 严重缺陷：1 个，占所有缺陷的 50%。

上述软件缺陷见附件《软件问题报告单》。

动态测试中的代码覆盖率如下。

① 代码行覆盖率：100%。

② 分支覆盖率：100%。

③ 程序单元调用覆盖率：100%。

（3）回归测试小结。

在软件测试过程中发现的缺陷经软件开发人员确认后进行了代码更改，并对更改后的代码进行了回归测试。本报告中的数据是回归测试后的测试数据。

3）测试分析

下面将对此次软件测试中的所有缺陷以及改进设计进行分析。

（1）静态测试中的缺陷分析如下。

① 4 个轻微缺陷属于代码冗余。由于在程序设计中加入了部分调试程序，在程序设计完成后未将这些调试代码注释或删除掉而造成代码冗余，但对程序本身的功能并无影响。修改后，程序的效率得到提高。

② 11 个中等缺陷属于注释变更。在原程序代码的注释中存在注释不准确的问题，会影响程序员对程序的理解。修改程序后，提高了程序的可读性。

下面重点分析3个严重缺陷。

③ 第一个严重缺陷属于××号的无效判别和相应的处理问题,程序对××号进行无效判别时,判别界限并不完全,在本跟踪程序中,××号的有效数为01-10(用4位表示),而判别无效时只判别了为00的情况,没有判别大于10的情况。而且在为00时也没有做相应的处理。修改后的程序对设计进行了改进。

④ 第二个严重缺陷属于程序设计中读取地址错误问题,经分析在调试中读取的数据是正确的,但是读取的地址与设计初衷不相符。修改后,问题得到了解决。

⑤ 第三个严重错误是近区/远区子程序判断与进入条件反了,经分析对程序的影响不大,但与设计初衷不一致。修改后,问题得到了解决。

(2) 动态测试中的缺陷分析如下。

① 中等缺陷:1个。在程序的注释中出现错误,将近区注释为远区。修改后,问题得到了解决,提高了程序的可读性。

② 严重缺陷:1个。在××号无效的判别中,本应判断大于10,但误设计为0。修改后,经回归测试问题得到了解决。

改进的设计分析:(因和产品相关,故略)。

4) 测试记录

① 测试时间:2005年8月5日至2005年9月17日。
② 地点:(略)。
③ 硬件配置:P4CPU/2.0G,内存256MB,硬盘1GB。
④ 软件配置:Windows 98。
⑤ 被测软件版本号:V1.0,V1.01,V1.02。
⑥ 所有测试相关活动的日期和时间、测试操作人员等记录见软件测试记录文档。

4. 测试结果

在两个阶段测试过程中,共发现软件缺陷20个,经软件开发人员确认的缺陷为20个,经过改正的代码消除了所有已确认的软件缺陷并通过了回归测试。因受测试条件所限,故未能进行软件的确认测试和系统测试。

5. 评估和建议

1) 软件评估

(1) 软件编码规范化评估。

经过回归测试,未残留软件编码规范性缺陷。软件代码文本注释率约为42%,代码注释充分,有利于代码的理解和维护。

(2) 软件动态测试评估。

① 被测软件单元的总数:11个。
② 使用的测试用例个数:143个。
③ 达到软件测试出口准则的软件单元数:11个,通过率为100%。

通过单元和集成测试得知：软件代码逻辑清晰、结构合理、程序单元之间的接口关系一致，运行稳定。

2）改进建议

（1）建议在软件开发项目中全面实施软件工程化，加强软件开发的管理工作。

（2）建议进一步加强软件需求规格说明、软件设计文档编制以及编写代码的规范化。特别是应该将系统中的硬件研制和软件研制分别加以管理，软件文档编制的种类和规格按照相关标准执行。

（3）尽早开展软件测试工作。在软件研制计划安排上给软件测试留有必要的时间，在资源配置上给予软件测试必要的支撑。

（4）建议结合系统联试，开展软件的确认和系统测试。

附件：

（1）软件问题报告单（略）。

（2）软件更改通知单（略）。

（3）软件测试记录（略）。

小　　结

目前，软件测试仍然是保证软件可靠性的主要手段，测试阶段的根本任务是发现并改正软件中的错误。

软件测试是软件开发过程中最艰巨、最繁重的任务，大型软件的测试应该分阶段地进行，通常至少分为单元测试、集成测试、确认测试和系统测试 4 个基本阶段。

设计测试方案是测试阶段的关键技术问题，基本目标是选用最少量的高效测试数据，做到尽可能完善的测试，从而尽可能多地发现软件中的问题。设计测试方案的实用策略是，用黑盒法设计基本的测试方案，再用白盒法补充一些测试方案。

软件测试不仅指利用计算机进行的测试，还包括人工进行的测试，两种测试途径各有优、缺点，互相补充，缺一不可。

测试过程中发现的软件错误必须及时改正，这就是调试的任务。为了改正错误，产生必须确定故障的准确位置，这是调试过程中最困难的任务，需要周密审慎的思考和推理。改正错误常常包括修正原来的设计，必须通盘考虑，应该尽量避免在调试过程中产生新的故障。

测试和调试是软件测试阶段的两个关系非常密切的过程，它们通常交替进行。

实　验　实　训

实训一　黑盒测试

1. 实训目的

（1）认识黑盒测试原理。

（2）掌握黑盒测试过程。

2. 实训内容

（1）三角形问题的等价类测试。

（2）完成实训报告。

3. 操作步骤

（1）输入三个整数 a、b、c 分别作为三边的边长，构成三角形的三条边。通过程序判定所构成的三角形的类型是：一般三角形、等腰三角形及等边三角形。用等价类划分方法为该程序进行测试用例设计。

该程序的源代码如下：

```
#include <iostream>
using namespace std;
void main()
{int a,b,c;
cout<<"请输入三条边："<<endl;
if(scanf("%d %d %d",&a,&b,&c)!=3)
{cout<<"边长不是整数"<<endl;
}
else
{if(a+b<=c||a+c<=b||b+c<=a)
cout<<"不能构成三角形"<<endl;
else if(a==b&&b==c)
cout<<"等边三角形"<<endl;
else if(a==b||b==c||c==a)
cout<<"等腰三角形"<<endl;
else
cout<<"一般三角形"<<endl;
}
}
```

三角形问题的等价类如表 8-2 所示。

表 8-2　三角形问题的等价类

判定类型	有效等价类	无效等价类
一般三角形	((a>0) ∧(b>0) ∧(c>0))　∧(((a+b)>c) ∨ ((a+c)>b) ∨((b+c)>a)) (1)	(a<=0 ∨ b<=0 ∨ c<=0)∧(((a+b)<=c) ∨ ((a+c)<=b) ∨ ((b+c)<=a)) (2)
等腰三角形	(1) ∧ (a=b ∨ a=c ∨ b=c) (3)	(2) ∨ (a!=b ∨ b!=c ∨ a!=c) (4)

续表

判 定 类 型	有效等价类	无效等价类
等边三角形	(1) Λ (a=b=c) (5)	(2) V (a!=b!=c) (6)

（2）根据表 8-2 组成的测试用例如表 8-3 所示。

表 8-3　三角形问题的等价类测试用例

编号	输入数据（a b c）	覆盖测试用例	输出结果
1	3 4 5	(1)	一般三角形
2	0 4 5	(2)	不能构成三角形
3	3 0 5		
4	3 4 0		
5	1 4 5		
6	3 8 5		
7	3 2 1		
8	3 3 5	(3)	等腰三角形
9	3 4 3		
10	3 4 4		
11	3 4 9	(4)	非等腰三角形
12	3 3 3	(5)	等边三角形
13	-1 0 1	(6)	不能构成三角形

（3）测试结果如图 8-4～图 8-7 所示。

图 8-4　输出为一般三角形

图 8-5　输出为不能构成三角形

图 8-6 输出为等腰三角形

图 8-7 输出为等边三角形

实训二 白盒测试

1. 实训目的

理解白盒测试的相关概念和白盒测试的过程、方法。

2. 实训内容

对给定的模块,采用路径覆盖和分支覆盖的方法设计测试用例。

3. 操作步骤

对最大公约数程序进行控制流测试(如图 8-8 所示)。

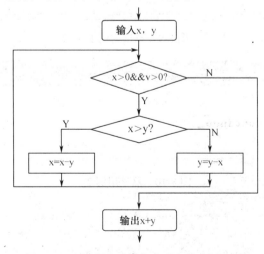

图 8-8 对最大公约数程序进行控制流测试

（1）实验代码如下：

```
#include <iostream>
using namespace std;
void main()
{
int x,y;
printf("请输入两个数(x，y):");            scanf("%d%d",&x,&y);
while(x>0&&y>0)
{   if(x>y) x=x-y;
else y=y-x;
}
printf("%d\n",x+y);
}
```

（2）测试用例的设计如表8-4所示。

表8-4 测试用例的设计

测试用例	x，y	x>0&&y>0	x>y
测试用例1	-1 1	假	—
测试用例2	2 1	真	真
测试用例3	3 6	真	假

（3）测试结果如图8-9～图8-11所示。

图8-9 测试用例1

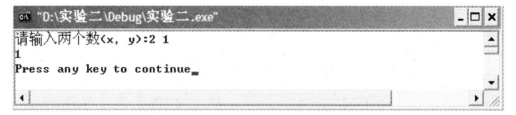

图8-10 测试用例2

项目8 软件测试

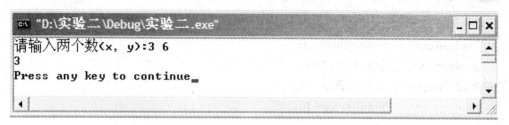

图 8-11 测试用例 3

实训三 单元测试

1. 实训目的
（1）认识单元测试原理。
（2）掌握单元测试过程。

2. 实训内容
要求学生能够理解单元测试的相关概念和单元测试的过程、方法。具体为全体同学按学号分组，每组 6 人。对给定的单元，采用白盒测试的方法进行单元测试。

3. 实训项目
（1）预习相关课堂内容，了解测试对象，阅读文件检索项目的需求规格说明书、界面规格说明书、概要设计说明书、详细设计说明书。

（2）进行角色分配。每个角色既要有明确的分工，又要相互协作。各个角色按照表 8-5 的内容进行任务分配。

表 8-5 角色分配

角　　色	任　　务
产品经理	解决资源需求，对单元测试结果进行监督
开发经理	制订单元测试计划，安排单元测试任务
测试经理	参与单元测试结果验收
SQA	对单元测试结果进行监控（包括代码走读、正规检视等活动）
软件开发人员	完成单元测试需要的输入，并完成单元测试的设计规格、单元测试用例、单元测试规程，执行单元测试，记录发现问题，修改问题，并负责问题的回归测试

（3）为每个模块（函数）建立一个 VC Console 工程，工程项目名称与被测函数名称一致。调试、编译该工程。

（4）在调试过程中，如果需要，就建立一个或多个桩模块，并建立一个驱动模块。

（5）根据步骤（2），设计测试用例。

（6）对于每个测试用例，向工程中添加一个驱动模块。直到所有的测试用例全部结束。

（7）填写试验报告。

（8）实训材料：下面是 10 个测试模块。

① Boolean AddDirLevel(char* dir,int lev)。

② Boolean DelDirLevel(char* dir)。

③ Boolean AddFileName(char* fn)。

④ Boolean DelFileName(char* fn)。

⑤ Boolean ExportConFile(char* fn)。

⑥ Boolean ImportConFile(char* fn)。

⑦ Boolean IsNumeric(char* str,int& ret)。

⑧ Boolean GetOptionPattern(char* buf,char* opt,char* str1,char* str2)。

⑨ Boolean FieSearch(void)。

⑩ Boolean MachPattern(char* file,char* pattern)。

习　　题

1. 选择题

（1）用户在真实的工作环境中使用软件，用于测试系统的用户友好性等，这种测试是（　　）。

　　A．集成测试　　　　　　　　　　　B．系统测试

　　C．Alpha 测试　　　　　　　　　　D．Beta 测试

（2）对于软件测试分类，下列各项都是按照不同阶段来进行的划分，（　　）除外。

　　A．单元测试　　　　　　　　　　　B．集成测试

　　C．黑盒测试　　　　　　　　　　　D．系统测试

（3）下列关于软件测试的叙述中，错误的是（　　）。

　　A．软件测试可以作为度量软件与用户需求间差距的手段

　　B．软件测试的主要工作内容包括发现软件中存在的错误并解决存在的问题

　　C．软件测试的根本目的是尽可能多地发现软件中存在的问题，最终把一个高质量的软件系统交给用户使用

　　D．没有发现错误的测试也是有价值的

2. 填空题

（1）_____仅与程序的内部结构有关，完全可以不考虑程序的功能要求。

（2）_____将所有可能的输入数据划分成若干部分，然后从每一部分中选取少数有代表性的数据作为测试用例。

（3）类的行为应该基于_____进行测试。

3. 思考题

（1）软件测试包括哪些类型的测试？这些测试之间的区别是什么？

（2）单个组件经过代码审查和测试，其有效性已经得到了全面验证，请解释为什么仍然需要进行集成测试。

（3）请给出一个小例子说明穷举测试一个程序实际上是不可能的。

项目9 软件维护

在软件开发完成交付用户使用后,就进入软件运行、维护阶段,此后的工作是要保证软件在一个相当长的时间内能够正常运行。软件维护是必不可少的环节。

项目要点:
- 软件维护的目的。
- 软件维护的成本。
- 软件维护的方法。

任务9.1 软件维护的概念

9.1.1 软件维护的目的及类型

1. 软件维护的目的

软件维护是软件工程的一个重要任务,其主要工作就是在软件运行和维护阶段对软件产品进行必要的调整和修改。维护的原因主要分为如下 5 种情况。

(1) 在运行中发现在测试阶段未能发现的潜在软件错误和设计缺陷。

(2) 根据实际情况改进软件设计,以增强软件的功能,提高软件的性能。

(3) 在某环境下已运行的软件要求能适应特定的硬件、软件、外部设备和通信设备等新的工作环境,或要求适应已变动的数据或文件。

(4) 为使投入运行的软件与其他相关的程序有良好的接口,以利于协同工作。

(5) 为使运行软件的应用范围得到必要的扩充。随着计算机功能越来越强,社会对计算机的需求越来越大,要求软件必须快速发展。在软件快速发展的同时还应该考虑软件的开发成本。显然,对软件进行维护的目的是纠正软件开发过程未发现的错误,增强、改进和完善软件的功能和性能,以适应软件的发展,延长软件的寿命,让其创造更多的价值。

2. 软件维护的类型

根据以上目的可以把维护活动归纳为纠错性维护、适应性维护、完善性维护和预防性维护四类。

1）纠错性维护

因为软件测试不可能找出一个软件系统中所有潜伏的错误，所以当软件在特定情况下运行时，这些潜伏的错误可能会暴露出来。对在测试阶段未能发现的，在软件投入使用后才逐渐暴露出来的错误的测试、诊断、定位、纠错以及验证、修改的回归测试过程，称为纠错性维护。纠错性维护占整个维护工作的 21%，例如，修正原来程序中并未使开关复位的错误，解决开发时未能测试各种可能条件带来的问题，解决原来程序中遗漏处理文件中最后一个记录的问题。

2）适应性维护

适应性维护是为了适应计算机的飞速发展，使软件适应外部新的硬件和软件环境或者数据环境（数据库、数据格式、数据输入/输出方式、数据存储介质）发生的变化，而进行修改软件的过程。适应性维护占整个维护工作的 25%。例如，为现有的某个应用问题实现一个数据库管理系统；对某个指定代码进行修改，如将 3 个字符改为 4 个字符；缩短系统的应答时间，使其达到特定的要求；修改两个程序，使它们可以使用相同的记录结构；修改程序，使其适用于另外的终端。

3）完善性维护

在软件的使用过程中，用户往往会对软件提出新的功能与性能要求。为了满足这些要求，需要修改或再开发软件，以扩充软件功能、增强软件性能、改进加工效率、提高软件的可维护性。在这种情况下进行的维护活动叫做完善性维护。

在维护阶段的最初一两年内，完善性维护的工作量较大。随着错误发现率急剧降低并趋于稳定，就进入了正常使用期。实践表明，在几种维护活动中，完善性维护所占的比重最大。来自用户要求扩充、加强软件功能、性能的维护活动约占整个维护工作的 50%。

4）预防性维护

预防性维护是为了提高软件的可维护性和可靠性，采用先进的软件工程方法对需要维护的软件或软件中的某一部分重新进行设计、编制和测试，为以后进一步维护和运行打好基础。也就是软件开发组织选择在最近可能变更的程序，做好变更它们的准备。由于对于该类维护工作必须采用先进的软件工程方法，所以对需要修改的软件或部分进行设计、编码和测试。因为对该类维护工作的必要性有争议，所以它在整个维护活动中占较小的比例（约占 4%）。例如，预先选定多年留待使用的程序、当前正在成功地使用着的程序、可能在最近的将来要做重大修改或增强的程序。

在整个软件维护阶段所花费的全部工作量中，预防性维护只占很小的比例，而完善性维护占了几乎一半的工作量。软件维护活动所花费的工作占整个生命周期工作量的 70%以上。

9.1.2 软件维护的定义

在软件工程中,软件维护是指软件产品交付之后,为了修改错误、改进性能或其他属性、使产品适应变化的环境而对其进行的修改。

软件维护是软件生命周期中非常重要的一个阶段。但是,它的重要性往往被人们忽视。有人把维护比喻为一座冰山,显露出来的部分不多,大量的问题都是隐藏的。平均而言,大型软件的维护成本是开发成本的 4 倍左右。国外许多软件开发组织把 60%以上的人力用于维护已投入运行的软件。这个比例随着软件数量增多和使用寿命延长,还在继续上升。学习软件工程学的主要目的之一就是研究如何减少软件维护的工作量,降低维护成本。

9.1.3 软件维护的策略

根据影响软件维护工作量的各种因素,针对三种典型的维护,James Martin 等提出了一些策略,以控制维护成本。

1. 纠错性维护的策略

要生成 100%可靠的软件,成本太高,不一定合算。但通过使用新技术,可大大提高可靠性,减少进行纠错性维护的工作量。这些技术包括数据库管理系统、软件开发环境、程序自动生成系统、较高级(第四代)的语言,应用以上 4 种技术可产生更加可靠的代码。此外,还可以从以下 4 个方面来减少软件编码错误。

(1) 利用应用软件包,可开发出比用户自己开发的系统可靠性更高的软件。
(2) 结构化技术,用它开发的软件易于理解和测试。
(3) 防错性程序设计。把自检能力引入程序,通过非正常状态的检查,提供审查跟踪。
(4) 通过周期性维护审查,在形成维护问题之前就可确定质量缺陷。

2. 适应性维护的策略

这一类的维护不可避免,但可以控制。

(1) 在配置管理时,把硬件、操作系统和其他相关环境因素的可能变化考虑在内,可以减少某些适应性维护的工作量。
(2) 把与硬件、操作系统以及其他外围设备有关的程序归到特定的程序模块中。可把因环境变化而必须修改的程序局限于某些程序模块之中。
(3) 使用内部程序列表、外部文件以及处理的例行程序包,可为维护时修改程序提供方便。

3. 完善性维护的策略

利用前两类维护中列举的方法,也可以减少这一类维护。特别是数据库管理系统、程序生成器、应用软件包,可减少系统或程序员的维护工作量。

此外,建立软件系统的原型并在实际系统开发之前提供给用户,用户通过研究原型,进一步完善原型的功能要求，也可以减少以后完善性维护的工作量。

任务 9.2 软件维护的成本

9.2.1 影响软件维护的因素

在软件维护中，影响维护工作量的程序特性有以下 6 种。

1. 系统大小

系统越大，理解、掌握起来越困难。系统越大，所执行功能越复杂。因此，需要更多的维护工作量。

2. 程序设计语言

语言的功能越强，生成程序所需的指令数就越少；语言的功能越弱，实现同样功能所需的语句就越多，程序就越大。有许多软件是用较老的程序设计语言书写的，程序逻辑复杂而混乱，并且没有做到模块化和结构化，直接影响到程序的可读性。

3. 系统使用年限

老系统随着不断的修改，结构越来越乱；由于维护人员经常更换，程序又变得越来越难于理解。而且，许多老系统在当初并未按照软件工程的要求进行开发，因而没有文档，或文档太少，或在长期的维护过程中，文档在许多地方与程序实现变得不一致，导致在维护时遇到很大困难。

4. 数据库技术的应用

使用数据库，可以简单而有效地管理和存储用户程序中的数据，还可以减少生成用户报表应用软件的维护工作量。

5. 先进的软件开发技术

软件开发采用能使软件结构比较稳定的分析、设计技术及程序设计技术，如面向对象技术、复用技术等，可大大减少工作量。

6. 其他

例如，应用的类型、数学模型、任务的难度、开关与标记、IF 嵌套深度、索引或下标数等，对维护工作量都有影响。

此外，许多软件在开发时并未考虑将来的修改，这就为软件的维护带来许多问题。

9.2.2 软件维护成本的分析

有形的软件维护成本是花费了多少钱,而其他非直接的维护成本有更大的影响。无形的成本可以是:

(1) 不能及时安排一些看起来是合理的修复或修改请求,使得客户不满意。
(2) 变更的结果把一些潜在的错误引入正在维护的软件,使得软件整体质量下降。
(3) 把软件人员抽调到维护工作中去,使得软件开发工作受到干扰。

软件维护的代价是在生产率方面的惊人下降。有报告说,生产率将降到原来的 1/40。维护工作量可以分成生产性活动(如分析和评价、设计修改和实现)和非生产性活动(如理解代码在做什么、试图判明数据结构、接口特性、性能界限等)。下面的公式给出了一个维护工作量的模型:

$$M=p+Ke^{c-d}$$

其中,M 是维护中消耗的总工作量,p 是上面描述的生产性工作量,K 是一个经验常数,c 是因缺乏好的设计和文档而导致复杂性的度量,d 是对软件熟悉程度的度量。

这个模型指明,如果使用了不好的软件开发方法(未按软件工程要求做),原来参加开发的人员或小组不能参加维护,则工作量(及成本)将按指数级增加。

任务 9.3 软件维护方法

9.3.1 软件维护报告

除较大的软件开发公司外,通常在软件维护工作方面不存在一个正式的维护机构。维护往往是在没有计划的情况下进行的。虽然不要求建立一个正式的维护机构,但是在开发部门确立一个非正式的维护机构则是非常必要的。软件维护的机构如图 9-1 所示。

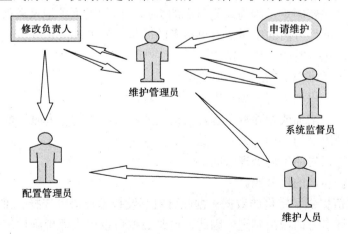

图 9-1 软件维护的机构

维护申请提交给一个维护管理员，他把申请交给某个系统监督员去评价。一旦做出评价，由修改负责人确定如何进行修改。在维护人员对程序进行修改的过程中，由配置管理员严格把关，控制修改的范围，对软件配置进行审计。维护管理员、系统监督员、修改负责人等均代表维护工作的某个职责范围。修改负责人、维护管理员可以是指定的某个人，也可以是一个包括管理人员、高级技术人员在内的小组。系统监督员可以有其他职责，但应具体分管某一个软件包。在开始维护之前，明确责任可以大大减少维护过程中的混乱。

9.3.2 软件维护事件流

先确认维护要求。这需要维护人员与用户反复协商，弄清错误概况以及对业务的影响大小，以及用户希望做什么样的修改。然后由维护组织管理员确认维护类型。

对于改正性维护申请，应该从评价错误的严重性开始。若存在严重的错误，则必须在系统监督员的指导下进行问题分析、寻找错误发生的原因、进行"救火"性的紧急维护；对于不严重的错误，可根据任务、时机等情况，视轻重缓急进行排队，统一安排时间。

对于适应性维护和完善性维护申请，需要先确定每项申请的优先次序。若某项申请的优先级非常高，就可立即开始维护工作，否则维护申请和其他的开发工作一样，进行排队统一安排时间。

尽管维护申请的类型不同，但都要进行同样的技术工作。这些工作有修改软件需求说明、修改软件设计、设计评审、对源程序做必要的修改、单元测试、集成测试（回归测试）、确认测试、软件配置评审等。

每次软件维护任务完成后，最好进行一次情况评审，以确认在目前情况下，设计、编码、测试中的哪一方面可以改进，哪些维护资源应该有但没有，工作中主要的或次要的障碍是什么，从维护申请的类型来看是否应当有预防性维护等。

9.3.3 评价软件维护活动

评价维护活动比较困难，因为缺乏可靠的数据。但如果维护记录做得比较好，就可以得出一些维护"性能"方面的度量值。可参考的度量值如下：

（1）每次程序运行时的平均出错次数。
（2）花费在每类维护上的总"人时"数。
（3）每个程序、每种语言、每种维护类型的程序平均修改次数。
（4）因为维护，增加或删除每个源程序语句所花费的平均"人时"数。
（5）用于每种语言的平均"人时"数。
（6）维护申请报告的平均处理时间。
（7）各类维护申请的百分比。

这 7 种度量值提供了定量的数据，据此可对开发技术、语言选择、维护工作计划、资源分配以及其他许多方面做出判定。因此，这些数据可以用来评价维护工作。

任务 9.4 软件可维护性

9.4.1 软件可维护性的定义

软件可维护性是指软件能够被理解并能纠正软件系统出现的错误和缺陷,以及为满足新的要求进行修改、扩充或压缩的容易程度。软件的可维护性、可使用性和可靠性是衡量软件质量的几个主要特性,也是用户最关心的问题之一。但对于影响软件质量的这些因素,目前还没有普遍适用的定量度量的方法。

软件的可维护性是软件开发阶段各个时期的关键目标。

目前广泛使用的是用表 9-1 左侧列出的 7 个质量特性来衡量程序的可维护性。而且对于不同类型的维护,这 7 个质量特性的侧重点也不相同。表 9-1 显示了在各类维护中应侧重哪些质量特性。

表 9-1 在各类维护中的侧重点

质量特性	纠错性维护	适应性维护	完善性维护
可理解性	√		
可测试性	√		
可修改性	√	√	
可靠性	√		
可移植性		√	
可使用性		√	√
效率			√

上面所列举的这些质量特性通常体现在软件产品的许多方面,为使每一个质量特性都达到预定的要求,需要在软件开发的各个阶段采取相应的措施加以保证。因此,软件的可维护性是产品投入运行以前各阶段面向上述各质量特性要求进行开发的最终结果。

9.4.2 提高可维护性的方法

软件的可维护性对于延长软件生命周期具有决定意义,因此必须考虑怎样才能提高软件的可维护性。一般可从以下 5 个方面着手。

1. 建立明确的软件质量目标

如果要程序完全满足可维护性的 7 个质量特性,肯定是很难实现的。实际上,某些质量特性是相互促进的,如可理解性和可测试性,可理解性和可修改性;某些质量特性是相互抵触的,如效率和可移植性,效率和可修改性。因此,为保证程序的可维护性,应该在一定程度上满足可维护性的各个质量特性,但各个质量特性的重要性又是随着程序的用途或计算机环境的不同而改变的。对编译程序来说，效率和可移植性是主要的；对信息管理系统来说，可使用性和可修改性可能是主要的。通过实验证明，强调效率的程序包含的错误比强调简明性的程序所包含错误要高出 10 倍。因此，在提出目标的同时还必须规定它们的优先级，这样有助于提高软件的质量。

2. 使用先进的软件开发技术和工具

利用先进的软件开发技术是软件开发过程中提高软件质量、降低成本的有效方法之一，也是提高可维护性的有效技术。常用的技术有模块化、结构化程序设计，自动重建结构和重新格式化的工具等。面向对象的软件开发方法就是一个非常实用且强有力的软件开发方法。

面向对象方法是采取人的思维方法，用现实世界的概念来思考问题，这样能自然地解决问题。它强调模拟现实世界中的概念而不是强调算法，鼓励开发者在开发过程中按应用领域的实际概念思考建立模型，模拟客观世界，使描述问题的问题空间和解空间尽量一致，开发出尽量直观、自然地表现求解方法的软件系统。

使用面向对象方法开发的软件系统具有较好的稳定性。使用传统方法开发的软件系统的结构紧密程度依赖于系统所具有的功能，当功能发生变化时，会引起软件结构的整体修改，因此这样的软件结构是不稳定的。面向对象方法以对象为中心构造软件系统，用对象模拟问题中的实体，以对象之间的联系表示实体之间的联系，根据问题领域中的模型来建立软件系统的结构。由于客观世界的实体之间的联系是相对稳定的，因此建立的模型也相对稳定。当系统功能需求发生变化时，不会引起软件结构的整体变化，往往只需做一些局部修改。

使用面向对象方法构造的软件可重用性好。对象所固有的封装性和信息隐蔽机制，使得对象内部的实现和外界隔离，具有较强的独立性。因此，对象类提供了较为理想的模块化机制，其可重用性自然很好。

使用面向对象方法构造的软件模块的独立性好，修改一个类很少会影响其他类。如果类的接口不变，则只需改类的内部代码，软件的其他部分都不会受影响。同时，面向对象的软件符合人们习惯的思维方式，用此方法构造的软件结构与问题空间的结构基本一致，因此面向对象的软件系统比较容易理解。

对面向对象的软件进行维护，主要通过从已有的类派生出一些新类的方式来实现。因此，维护时的测试和调试工作也主要围绕这些新派生出来的类进行。对类的测试通常比较容易实现，如果发现错误也往往在类的内部，比较容易测试。

总之，使用面向对象方法开发的软件系统，稳定性好、容易修改、易于测试和调试，因此可维护性好。

3. 进行明确的质量保证审查

质量保证审查是一种很有用的技术，除能保证软件得到适当的质量外，质量保证审查还可以用来检测在开发和维护阶段内发生的质量变化。一旦检测出问题，就可以采取措施来纠正，以控制不断增长的软件维护成本，延长软件系统的有效生命期。

为了保证软件的可维护性，进行以下 4 种类型的软件审查。

1）在检查点进行复审

保证软件质量的最佳方法是，在软件开发的最初阶段就考虑质量要求，并在开发过程每一阶段的终点，设置检查点进行检查。检查的目的是要证实已开发的软件是否符合标准，是否满足规定的质量需求。在不同的检查点，检查的重点不完全相同。软件开发期间各个检查点的检查重点如图 9-2 所示。

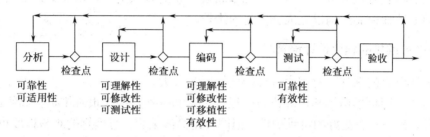

图 9-2　软件开发期间各个检查点的检查重点

2）验收检查

验收检查是一个特殊检查点的检查，它是把软件从开发转移到维护的最后一次检查。它对减少维护费用、提高软件质量有非常重要的作用。验收检查主要检查以下 4 个方面。

（1）需求和规范标准以需求规格说明书为标准，进行检查。区分必须的、任选的、将来的需求，包括对系统运行时的计算机设备的需求，对维护、测试、操作以及维护人员的需求，对测试工具等的需求。

（2）设计标准软件应设计成分层的模块结构。每个模块应完成独立的功能，满足高内聚、低耦合的原则。通过一些知道预期变化的实例，说明设计的可扩充性、可缩减性和可适应性。

（3）源代码标准的所有代码都必须具有良好的结构，所用的代码都必须文档化，在注释中说明它的输入、输出以及便于测试/再测试的一些特点与风格。

（4）文档标准

文档中应说明程序的输入/输出、使用方法/算法、错误恢复方法、所有参数的范围以及默认条件等。

3）周期性维护检查

为了纠正在开发阶段未发现的错误和缺陷，使软件适应新的计算机环境并满足不断变化的用户需求，对正在使用的软件进行改变是不可避免的。改变程序可能引起新的错误并破坏原来程序的完整性。为了保证软件质量，应该对正在使用的软件进行周期性维护检查。实际上，周期性维护检查是开发阶段对检查点进行检查的继续，采用的检查方法和内容都是相同的。把多次检查的结果与以前进行的验收检查结果和检查点检查结果进行比较，对检查结果的任何变化进行分析，并找出原因。

4）对软件包进行检查

软件包是一种标准化、可供不同单位和不同用户使用的软件。软件包卖主考虑到他的专利权,一般不会将他的源代码和程序文档提供给用户。因此,软件包的维护采取以下方法:使用单位的维护人员首先要仔细分析、研究卖主提供的用户手册、操作手册、培训教程、新版本说明、计算机环境要求书、未来特性表以及卖方提供的验收测试报告等,并在此基础上深入了解本单位的希望和要求,编制软件包的检验程序。该检验程序检查软件包程序所执行的功能是否与用户的要求和条件相一致。为了建立这个程序,维护人员可以利用卖方提供的验收测试实例,还可以自己重新设计新的测试实例。依据测试结果检查和验证软件包的参数或控制结构以完成软件包的维护。

4. 选择可维护的程序设计语言

程序设计语言的选择,对程序可维护性的影响很大。

低级语言,即机器语言和汇编语言,很难理解和掌握,因此很难维护。高级语言比低级语言容易理解,具有更好的可维护性。但同样是高级语言,可理解的难易程度也不一样。第四代语言(如查询语言、图形语言、报表生成器、非常高级的语言等),有的是过程化语言,有的是非过程化语言。不论是哪种语言,编制出的程序都容易理解和修改,而且其产生的指令条数可能要比用 COBOL 语言或用 PL/1 语言编制出的少一个数量级,开发速度快许多倍。有些非过程化的第四代语言,用户不需要指出实现的算法,仅需向编译程序或解释程序提出自己的要求,由编译程序或解释程序自己做出实现用户要求的智能假设,例如自动选择报表格式,选择字符类型和图形显示方式等。从维护角度来看,第四代语言比其他语言更容易维护。

5. 改进程序的文档

1)程序文档

程序员利用程序文档来解释和理解程序的内部结构,程序与系统内其他程序、操作系统和其他软件系统如何相互作用。程序文档包括源代码注释、设计文档、系统流程、程序流程图和交叉引用表等。

程序文档是对程序的总目标、程序的各组成部分之间的关系、程序设计策略、程序时间过程的历史数据等的说明和补充,能提高程序的可阅读性。为了维护程序,人们不得不阅读和理解程序文档。虽然每个人对程序的看法不一,但大家普遍同意以下观点:

(1)好的文档能使程序更容易阅读,坏的文档比没有它更糟。
(2)好的文档简明扼要,风格统一,容易修改。
(3)在程序编码中加入必要的注释可提高程序的可理解性。
(4)程序越长、越复杂,越应该注重程序文档的编写。

2)用户文档

用户文档提供用户怎样使用程序的命令和指示,通常是指用户手册。好的用户文档是联机帮助信息,用户在使用它时,在终端上就可获得必要的帮助和指导。

3）操作文档

操作文档指导用户如何运行程序，它包括操作员手册、运行记录和备用文件目录等。

4）数据文档

数据文档是程序数据部分的说明，它由数据模型和数据词典组成。数据模型表示数据内部结构和数据各部分之间的功能依赖性。通常，数据模型是用图形表示的。数据词典列出了程序使用的全部数据项，包括数据项的定义、使用及其使用地方。

5）历史文档

历史文档用于记录程序开发和维护的历史。历史文档包括三类，即系统开发日志、出错历史和系统维护日志。系统开发日志和系统维护日志对维护程序员是非常有用的信息，因为系统开发者和维护者一般是分开的。利用历史文档可以简化维护工作，如理解设计意图，指导维护程序员如何修改源代码而不破坏系统的完整性。

小　　结

维护是软件生命周期的最后一个阶段，也是持续时间最长、代价最大的一个阶段。软件工程学的主要目的就是提高软件的可维护性，降低维护的代价。

软件维护通常包括四类活动：

（1）为了纠正在使用过程上中暴露出来的错误而进行的纠错性维护。

（2）为了适应外部环境的变化而进行的适应性维护。

（3）为了改进原有的软件而进行的完善性维护。

（4）为了改进将来的可维护性和可靠性而进行的预防性维护。

软件的可理解性、可测试性和可修改性是决定软件可维护性的基本因素。软件生命周期的每个阶段的工作都和软件可维护性有密切关系。良好的设计、完善的文档资料以及一系列严格的复审和测试，使得发现错误时比较容易诊断和纠正；当用户有新的要求或者外部环境变化时，软件能较容易地适应，并且能够减少维护引入的错误。因此，在软件生命周期的每个阶段都必须充分考虑维护问题，并且为软件维护做准备。

文档是影响软件可维护性的决定因素，因此，文档甚至比可执行的程序代码更重要。文档可分为用户文档和系统文档两大类。不管是哪一类文档，都必须和程序代码同时维护，只有和程序代码完全一致的文档才是真正有价值的文档。

实 验 实 训

1．实训目的

（1）掌握会计软件的日常维护技术。

（2）熟悉会计软件应用中存在的常见问题，并掌握其解决方法。

（3）能够进行数据库的简单操作与维护。

2. 实训要求

（1）会计软件日常维护。
（2）系统维护与数据库维护。

3. 实训项目——软件维护与数据维护

（1）数据备份与恢复、月维护与年维护、会计软件升级维护。
（2）操作系统维护、系统的克隆与备份、Access、SQL Server等数据库的维护。

习　　题

1. 选择题

（1）在软件生命周期中，工作量所占比例最大的阶段是（　　）阶段。
　　A．需求分析　　　　　　　　B．软件设计
　　C．测试　　　　　　　　　　D．维护
（2）在整个软件维护阶段，以（　　）维护所花费的工作量所占比例最大。
　　A．纠错性　　　　　　　　　B．适应性
　　C．完善性　　　　　　　　　D．预防性
（3）一个软件产品开发完成投入使用后，常常由于各种原因需要对它做适当的变更。通常把软件交付使用后所做的变更叫做（　　）。
　　A．维护　　　　　　　　　　B．设计
　　C．软件再工程　　　　　　　D．逆向工程
（4）软件工程针对维护工作的主要目标是提高软件（　　），降低维护成本。
　　A．生产率　　　　　　　　　B．可靠性
　　C．可维护性　　　　　　　　D．维护效率
（5）软件可维护性是指软件能够被理解、改正、（　　）功能的容易程度。
　　A．变更　　　　　　　　　　B．维护
　　C．修改　　　　　　　　　　D．适应及增强
（6）软件可维护性是软件开发阶段的关键目标。软件可维护性可用7个质量特性即可理解性、可测试性、可修改性、可靠性、（　　）、可使用性和效率来衡量。
　　A．完备性　　　　　　　　　B．安全性
　　C．可移植性　　　　　　　　D．灵活性

2. 填空题

（1）软件维护的类型有_____、_____、_____、_____。
（2）各种软件维护中最重要的是_____。
（3）确定可维护性的因素主要有_____、_____、_____。

3. 思考题

（1）为什么要进行软件维护？

（2）怎样防止维护的副作用？

（3）什么是软件的可维护性？可维护性度量的特性是什么？

（4）高可维护性的方法有哪些？

项目10 软件项目管理

随着信息技术的飞速发展,软件产品的规模也越来越庞大,个人单打独斗的作坊式开发方式已经越来越不适应发展的需要。各软件企业都在积极地将软件项目管理引入开发活动,对开发实行有效的管理。

在经历了几个像操作系统开发这样的大型软件工程项目的失败以后,人们才逐渐认识到软件管理中的独特问题。事实上,这些工程项目的失败并不是由于从事开发工作的软件工程师无能,正相反,他们之中的绝大多数是当时杰出的技术专家,这些工程项目的失败主要是由于使用的管理技术不当。

总结历史经验教训,逐渐形成了软件工程这门新学科,它包括方法、工具和管理等广泛的研究领域。十几年来,已经研究出一些用于软件规格说明、设计、实现和验证的先进方法,对软件管理的认识也有一定的提高。但是,在软件管理方面的进步远比在设计方法学和实现方法学方面的进步小,至今还未有一套管理软件开发的通用指导原则。

项目要点:
- 软件项目管理的工作范围。
- 进度计划。
- 风险管理。
- 质量管理。

任务 10.1 软件项目管理的特点和内容

10.1.1 软件项目管理的特点

软件项目管理和其他的项目管理相比有相当的特殊性。首先,软件是纯知识产品,其开发进度和质量很难估计和度量,生产效率也难以预测和保证。其次,软件系统的复杂性也导致了开发过程中各种风险的难以预见和控制。像 Windows 这样的操作系统有 1500 万行以上的代码,同时有数千个程序员在进行开发,项目经理有上百个。这样庞大的系统如果没有很好的管理，其软件质量是难以想象的。

10.1.2 软件项目管理的内容

软件项目管理的内容主要包括如下几个方面：人员的组织与管理、软件度量、软件项目计划、风险管理、软件质量保证、软件过程能力评估、软件配置管理等。

这几个方面都是贯穿、交织于整个软件开发过程中的。其中，人员的组织与管理把注意力集中在项目组人员的构成、优化上；软件度量关注用量化的方法评测软件开发中的费用、生产率、进度和产品质量等要素是否符合期望值，包括过程度量和产品度量两个方面；软件项目计划主要包括工作量、成本、开发时间的估计，并根据估计值制定和调整项目组的工作；风险管理预测未来可能出现的各种危害到软件产品质量的潜在因素并由此采取措施进行预防；软件质量保证是保证产品和服务充分满足消费者要求的质量而进行的有计划、有组织的活动；软件过程能力评估是对软件开发能力的高低进行衡量；软件配置管理针对开发过程中人员、工具的配置、使用提出管理策略。

1. 软件项目的计划

软件项目计划是指一个软件项目进入系统实施的启动阶段，主要进行的工作包括确定详细的项目实施范围、定义递交的工作成果、评估实施过程中主要的风险、制订项目实施的时间计划、成本和预算计划、人力资源计划等。

软件项目管理过程从项目计划活动开始，而第一项计划活动就是估算：需要多长时间、需要多少工作量以及需要多少人员。此外，还必须估算所需要的资源（硬件及软件）和可能涉及的风险。

为了估算软件项目的工作量和完成期限，首先需要预测软件规模。度量软件规模的常用方法有直接的方法——LOC（代码行）、间接的方法——FP（功能点）。这两种方法各有优、缺点，应该根据软件项目的特点选择适用的软件规模度量方法。

根据项目的规模可以估算出完成项目所需的工作量，可以使用一种或多种技术进行估算，这些技术主要分为两大类：分解和经验建模。分解技术需要先划分出主要的软件功能，然后估算实现每一个功能所需的程序规模或人月数。经验技术的使用是根据经验导出的公式来预测工作量和时间。可以使用自动工具来实现某一特定的经验模型。

精确的项目估算一般至少会用到上述技术中的两种。通过比较和协调使用不同技术导出的估算值，可得到更精确的估算。软件项目估算永远不会是一门精确的科学，但将良好的历史数据与系统化的技术结合起来能够提高估算的精确度。

当对软件项目给予较高期望时，一般都会进行风险分析。在标志、分析和管理风险上花费的时间和人力可以从多个方面得到回报：更加平稳的项目进展过程，更高的跟踪和控制项目的能力，由于在问题发生之前已经做了周密计划而产生的信心。

对于一个项目管理者，他的目标是定义所有的项目任务，识别出关键任务，跟踪关键任务的进展情况，以保证能够及时发现拖延进度的情况。为此，项目管理者必须制定一个足够详细的进度表，以便监督项目进度并控制整个项目。

常用的制订进度计划的工具主要有甘特图和工程网络两种。甘特图具有历史悠久、直观简明、容易学习、容易绘制等优点；但是，它不能明显地表示各项任务之间的依赖关系，也不能明显地表示关键路径和关键任务，进度计划中的关键部分不明确。因此，在管理大型软件项目时，仅用甘特图是不够的，不仅难以做出既节省资源又保证进度的计划，而且还容易发生差错。

工程网络不仅能描绘任务分解情况及每项作业的开始时间和结束时间，而且还能清楚地表示各个作业之间的依赖关系。从工程网络图中容易识别出关键路径和关键任务。因此，工程网络图是制订进度计划的强有力的工具。通常，联合使用甘特图和工程网络这两种工具来制订和管理进度计划，使它们互相补充、取长补短。

进度安排是软件项目计划的首要任务，而项目计划则是软件项目管理的首要组成部分。与估算方法和风险分析相结合，进度安排将为项目管理者建立起一张计划图。

2. 软件项目的控制

对于软件开发项目而言，控制是十分重要的管理活动。下面介绍软件工程控制活动中的质量保证和配置管理。其实，上面所提到的风险分析也可以算是软件工程控制活动的一类。而进度跟踪则起到连接软件项目计划和控制的作用。

1）软件质量保证（Software Quality Insurance，SQA）

软件质量保证是在软件过程中的每一步都进行的"保护性活动"。SQA 主要有基于非执行的测试（也称为评审）、基于执行的测试（通常所说的测试）和程序正确性证明。

2）软件评审

软件评审是最为重要的 SQA 活动之一。它的作用是，在发现及改正错误的成本相对较小时就及时发现并排除错误。审查和走查是进行正式技术评审的两类具体方法。审查过程不仅步数比走查多，而且每个步骤都是正规的。由于在开发大型软件过程中所犯的绝大多数错误都是规格说明错误或设计错误，而正式的技术评审发现这两类错误的有效性高达75%，因此是非常有效的软件质量保证方法。

3）软件配置管理（Software Configuration Management，SCM）

软件配置管理是应用于整个软件过程中的保护性活动，它是在整个软件生命周期内管理变化的一组活动。

4）软件配置

软件配置由一组相互关联的对象组成，这些对象也称为软件配置项，它们是作为某些软件工程活动的结果而产生的。除了文档、程序和数据这些软件配置项之外，用于开发软件的开发环境也可置于配置控制之下。

一旦一个配置对象已被开发出来并且通过了评审，它就变成了基线。对基线对象的修改导致建立该对象的版本。版本控制是用于管理这些对象而使用的一组规程和工具。

5)变更控制

变更控制是一种规程活动,它能够在对配置对象进行修改时保证质量和一致性。配置审计是一项软件质量保证活动,它有助于确保在进行修改时仍然保证质量。状态报告向需要知道关于变化的信息的人,提供有关每项变化的信息。

3. 软件项目管理的组织模式

软件项目可以是一个单独的开发项目,也可以与产品项目组成一个完整的软件产品项目。如果是订单开发,则可成立软件项目组;如果是产品开发,则需成立软件项目组和产品项目(负责市场调研和销售),组成软件产品项目组。公司实行项目管理时,首先要成立项目管理委员会,项目管理委员会下设项目管理小组、项目评审小组和软件产品项目组。

1)项目管理委员会

项目管理委员会是公司项目管理的最高决策机构,一般由公司总经理、副总经理组成。主要职责如下:

(1)依照项目管理相关制度管理项目。
(2)监督项目管理相关制度的执行。
(3)对项目立项、项目撤销进行决策。
(4)任命项目管理小组组长、项目评审委员会主任、项目组组长。

2)项目管理小组

项目管理小组对项目管理委员会负责,一般由公司管理人员组成。主要职责如下:

(1)草拟项目管理的各项制度。
(2)组织项目阶段评审。
(3)保存项目过程中的相关文件和数据。
(4)为优化项目管理提出建议。

3)项目评审小组

项目评审小组对项目管理委员会负责,可下设开发评审小组和产品评审小组,一般由公司技术专家和市场专家组成。主要职责如下:

(1)对项目可行性报告进行评审。
(2)对市场计划和阶段报告进行评审。
(3)对开发计划和阶段报告进行评审。
(4)项目结束时,对项目总结报告进行评审。

4)软件产品项目组

软件产品项目组对项目管理委员会负责,可下设软件项目组和产品项目组。软件项目组和产品项目组分别设开发经理和产品经理,成员一般由公司技术人员和市场人员构成。主要职责是:根据项目管理委员会的安排具体负责项目的软件开发和市场调研及销售工作。

4. 软件项目管理的内容

从软件工程的角度讲，软件开发主要分为 6 个阶段：需求分析阶段、概要设计阶段、详细设计阶段、编码阶段、测试阶段、安装及维护阶段。不论是作坊式开发，还是团队协作开发，这 6 个阶段都是不可缺少的。根据公司实际情况，公司在进行软件项目管理时，重点将软件配置管理、项目跟踪和控制管理、软件风险管理及项目策划活动管理这 4 个方面的内容导入软件开发的整个阶段。在 20 世纪 80 年代初，著名软件工程专家 B.W.Boehm 总结出软件开发时需遵循的 7 条基本原则，同样，在进行软件项目管理时，也应该遵循下列这 7 条原则。

（1）用分阶段的生命周期计划实施严格管理。
（2）坚持进行阶段评审。
（3）实行严格的产品控制。
（4）采用现代程序设计技术。
（5）结果应能被清楚地审查。
（6）开发小组的人员应该少而精。
（7）承认不断改进软件工程实践的必要性。

5. 编写《软件项目计划书》

项目组成立的第一件事是编写《软件项目计划书》，在计划书中描述开发日程安排、资源需求、项目管理等各项情况的大体内容。计划书主要向公司各相关人员发放，使他们大体了解该软件项目的情况。对于计划书的每个内容，都应有相应具体实施手册，这些手册是供项目组相关成员使用的。

6. 软件配置管理

是否进行配置管理与软件的规模有关，软件的规模越大，配置管理就显得越重要。软件配置管理简称 SCM（Software Configuration Management），是在团队开发中标志、控制和管理软件变更的一种管理。配置管理的使用取决于项目规模、复杂性以及风险水平。

任务 10.2 风险管理

软件风险是指软件开发过程中及软件产品本身可能造成的伤害或损失。当在软件工程领域考虑风险时，需要关注以下问题：什么样的风险会导致软件项目的彻底失败？用户需求、开发技术、目标计算以及所有其他与项目有关的因素的改变将会对按时交付时间和总体成功产生什么影响？对于采用什么方法和工具、需要多少人员参与工作等问题，如何选择和决策？软件质量要达到什么程度才是"足够的"？

当没有办法消除风险甚至连试图降低该风险也存在疑问时，这些风险就是真正的风险了。在我们能够标志出软件项目中真正风险之前，识别出所有对管理者和开发者而言均为明显的风险是很重要的。

10.2.1 风险来源

软件项目的风险体现在以下四个方面：需求、技术、成本和进度。IT 项目开发中常见的风险有如下 9 类。

1. 需求风险

（1）需求已经成为项目基准，但需求还在继续变化。
（2）需求定义欠佳，而进一步的定义会扩展项目范畴。
（3）添加额外的需求。
（4）产品定义含混的部分比预期需要更多的时间。
（5）在做需求计划中，客户参与不够。
（6）缺少有效的需求变化管理过程。

2. 计划编制风险

（1）计划、资源和产品定义全凭客户或上层领导口头指令，并且不完全一致。
（2）计划是优化的"最佳状态"，但不现实，只能算是"期望状态"。
（3）计划基于使用特定的小组成员，而那个特定的小组成员其实指望不上。
（4）产品规模（代码行数、功能、与前一产品规模的百分比）比估计的要大。
（5）达到目标日期提前，但没有相应调整产品范围或可用资源。
（6）涉足不熟悉的产品领域，花费在设计和实现上的时间比预期的要多。

3. 组织和管理风险

（1）仅由管理层或市场人员进行技术决策，导致计划进度缓慢且计划时间延长。
（2）低效的项目组结构降低生产率。
（3）管理层审查、决策的周期比预期的时间长。
（4）预算削减，打乱项目计划。
（5）管理层做出了打击项目组织积极性的决定。
（6）缺乏必要的规范，导致工作失误与重复工作。
（7）非技术的第三方的工作（预算批准、设备采购批准、法律方面的审查、安全保证等）时间比预期的长。

4. 人员风险

（1）作为先决条件的任务（如培训及其他项目）不能按时完成。
（2）开发人员和管理层之间关系不佳，导致决策缓慢，影响全局。
（3）缺乏激励措施，士气低下，降低了生产能力。
（4）某些人员需要更多的时间适应不熟悉的软件工具和环境。
（5）项目后期加入新的开发人员，需进行培训并逐渐与现有成员沟通，从而使现有成员的工作效率降低。

（6）由于项目组成员之间发生冲突，导致沟通不畅、设计欠佳、接口出现错误和额外的重复工作。

（7）不适应工作的成员没有调离项目组，影响了项目组其他成员的积极性。

（8）没有找到项目急需的具有特定技能的人。

5. 开发环境风险

（1）设施未及时到位。

（2）设施虽到位，但不配套，如没有电话、网线、办公用品等。

（3）设施拥挤、杂乱或者破损。

（4）开发工具未及时到位。

（5）开发工具不如期望的那样有效，开发人员需要时间创建工作环境或者切换新的工具。

（6）新的开发工具的学习期比预期的长，内容繁多。

6. 客户风险

（1）客户对于最后交付的产品不满意，要求重新设计和重做。

（2）客户的意见未被采纳，造成产品最终无法满足用户要求，因而必须重做。

（3）客户对规划、原型和规格的审核、决策周期比预期的长。

（4）客户没有或不能参与规划、原型和规格阶段的审核，导致需求不稳定和产品生产周期的变更。

（5）客户答复的时间（如回答或澄清与需求相关问题的时间）比预期的长。

（6）客户提供的组件质量欠佳，导致额外的测试、设计和集成工作以及额外的客户关系管理工作。

7. 产品风险

（1）矫正质量低下的不可接受的产品，需要比预期更多的测试、设计和实现工作。

（2）开发额外的不需要的功能延长了计划进度。

（3）严格要求与现有系统兼容，需要进行比预期更多的测试、设计和实现工作。

（4）要求与其他系统或不受本项目组控制的系统相连，导致无法预料的设计、实现和测试工作。

（5）在不熟悉或未经检验的软件和硬件环境中运行所产生的未预料到的问题。

（6）开发一种全新的模块将比预期花费更长的时间。

（7）依赖正在开发中的技术将延长计划进度。

8. 设计和实现风险

（1）设计质量低下，导致重复设计。

（2）一些必要的功能无法使用现有的代码和库实现，开发人员必须使用新的库或者自行开发新的功能。

（3）代码和库质量低下，导致需要进行额外的测试，修正错误或重新制作。

(4) 过高估计了增强型工具对计划进度的节省量。
(5) 分别开发的模块无法有效集成,需要重新设计或制作。

9. 过程风险

(1) 大量的纸面工作导致进程比预期的慢。
(2) 前期的质量保证行为不真实,导致后期的重复工作。
(3) 太不正规(缺乏对软件开发策略和标准的遵循),导致沟通不足、质量欠佳甚至需重新开发。
(4) 过于正规(教条地坚持软件开发策略和标准),导致过多耗时于无用的工作。
(5) 向管理层撰写进程报告占用开发人员的时间比预期的多。
(6) 风险管理者粗心,导致未能发现重大的项目风险。

10.2.2 风险识别

识别风险是系统化地识别已知的和可预测的风险,在可能时避免这些风险且当必要时控制这些风险。根据风险的内容,可以将风险分为以下 7 类。

1. 产品规模风险

产品规模风险是指与软件的总体规模相关的风险。

2. 商业影响风险

商业风险影响到软件开发的生存能力。商业风险包含以下 5 个主要的风险。
(1) 市场风险:开发了一个没有人真正需要的优秀产品或系统。
(2) 策略风险:开发的产品不符合公司的整体商业策略。
(3) 销售风险:开发了一个销售部门不知道如何去卖的产品。
(4) 管理风险:由于重点的转移或人员的变动而失去高级管理层的支持。
(5) 预算风险:没有得到预算或人力上的保证。

3. 客户特性风险

客户特性风险是指与客户的素质以及开发者和客户沟通能力相关的风险。

4. 过程定义风险

过程定义风险是指与软件过程定义相关的风险。

5. 开发环境风险

开发环境风险是指开发工具的可用性及质量相关的风险。

6. 技术风险

技术风险是指在设计、实现、接口、验证、维护、规约的二义性、技术的不确定性、陈旧的技术等方面存在的风险。技术风险威胁到软件开发的质量及交付的时间。如果技术风险变成现实，则开发工作可能变得很困难或根本不可能。

7. 人员数目及经验带来的风险

人员数目及经验带来的风险是指与参与工作的软件工程师的总体技术水平及项目经验相关的风险。

在进行具体的软件项目风险识别时，可以根据实际情况对风险分类，但简单的分类并不是总行得通的，某些风险根本无法预测。识别方法要求项目管理者根据项目实际情况标志影响软件风险因素的风险驱动因子，这些因素包括以下 4 个方面。

（1）性能风险：产品能够满足需求和使用目的的不确定程度。

（2）成本风险：项目预算能够被维持的不确定的程度。

（3）支持风险：软件易于纠错、适应及增强的不确定的程度。

（4）进度风险：项目进度能够被维持且产品能按时交付的不确定程度。

每一个风险驱动因子对风险因素的影响均可分为 4 个影响类别——可忽略的、轻微的、严重的及灾难性的。

10.2.3 风险应对控制

1. 风险估计

风险估计从两个方面估价每一种风险：一是估计风险发生的可能性；二是估价与风险相关的问题出现后将会产生的结果。通常，项目计划人员与管理人员、技术人员一起进行 4 种风险估计活动：建立一个尺度来表明风险发生的可能性，描述风险的后果，估计风险对项目和产品的影响，指明风险估计的正确性以便消除误解。风险估计需要建立风险表。

风险表的示例如表 10-1 所示。第 1 列列出风险，可以利用风险项目检查表的条目来给出。每一个风险在第 2 列加以分类，在第 3 列给出风险发生概率，第 4 列是利用表 10-1 给出对风险产生影响的评价。这要求对 4 种风险构成（性能、支持、成本、进度）的影响类别求平均值，得到一个整体的影响值。

表 10-1 风险表的示例

风　　险	类　　别	概　率	影　响	风险缓解、监控和驾驭计划（RMMM）
规模估算可能非常低	PS	产品规模风险	60%	2
用户数量大大超过计划	PS	产品规模风险	30%	3
复用程度低于计划	PS	产品规模风险	70%	2
最终用户抵制该系统	BU	商业风险	40%	3
交付期限将被紧缩	BU	商业风险	50%	2
资金将会流失	CU	客户特性风险	40%	1
用户将改变需求	PS	产品规模风险	80%	2

续表

风险		类别	概率	影响	风险缓解、监控和驾驭计划（RMMM）
技术达不到预期的效果	TE	建造技术风险	30%	1	
缺少对工具的培训	DE	开发环境风险	80%	3	
参与人员缺乏经验	ST	人员规模与经验	30%	2	
参与人员流动比较频繁	ST	人员规模与经验	60%	2	
……					

风险出现概率可以对由从过去项目、直觉或其他信息收集来的度量数据进行统计分析估算出来。例如，由 45 个项目收集的度量表明，有 37 个项目遇到的用户要求变更次数达到 2 次。作为预测，新项目将遇到的极端的要求变更次数的概率是 37/45＝0.82，因而这是一个极可能的风险。

一旦完成了风险表前 4 列的内容，就可以根据概率和影响进行排序。将高发生概率和高影响的风险移向表的前端，将低概率、低影响的风险向后移动，完成第一次风险优先排队。

项目管理人员研究已排序的表，定义一条截止线（Cutoff line），这条截止线（在表中某一位置的一条横线）表明，位于线上部分的风险需要给予进一步关注，而位于线下部分的风险需要再评估以完成第二次优先排队。

风险影响和发生概率对驾驭参与有不同的影响。一个具有较高影响但发生概率极低的风险应当不占用很多有效管理时间；而对于具有中等或高概率、高影响的风险和具有高概率、低影响的风险，就必须进行风险的分析。

2. 风险评价

进行风险评价时，可建立一系列三元组：[r_i, l_i, x_i]，其中，r_i 是风险，l_i 是风险出现的可能性（概率），而 x_i 是风险产生的影响。在做风险评价时，应进一步审查在风险估计时所得到的估计的准确性，尝试对已发现的风险进行优先排队，并着手考虑控制和(或)消除可能出现风险的方法。

在做风险评价时常采用的一个非常有效的方法就是定义风险参照水准。对于大多数软件项目来说，性能、支持、成本、进度就是典型的风险参照水准。对于成本超支、进度延期、性能降低、支持困难或它们的某种组合都有一个水准值，超出它就会导致项目被迫中止。如果风险的某种组合所产生的问题导致一个或多个这样的参照水准被超出，工作就要中止。在软件风险分析的上下文中，一个风险参照水准就有一个点，叫做参照点或崩溃点。这个点要公平地给出可接受的判断，决定是继续执行项目工作，还是中止它们（出的问题太大）。

实际上，参照点能在图上被表示成一条平滑的曲线的情况很少。在多数情况下，它是一个区域。在此区域中，存在许多不确定性的范围，在这些范围内想做出基于参照值组合的管理判断往往是不可能的。

做风险评价一般按以下步骤执行。

（1）定义项目的各种风险参照水准。

（2）找出在各 [ri, li, xi] 和各参照水准之间的关系。

（3）预测一组参照点以定义一个项目终止区域，用一条曲线或一些不确定性区域来界定。

（4）预测各种复合的风险组合将如何影响参照水准。

3. 风险驾驭

为了执行风险驾驭与监控活动，必须考虑与每一风险相关的三元组（风险描述、风险发生概率、风险影响），它们构成风险驾驭（风险消除）步骤的基础。例如，假如人员的频繁流动是一项风险 ri，基于过去的历史和管理经验，频繁流动可能性的估算值 li 为 0.70，而影响 xi 的估计值是：项目开发时间增加 15%，总成本增加 12%。为了缓解这一风险，项目管理必须建立一个策略来降低人员的流动造成的影响。可采取的风险驾驭步骤如下：

（1）与现有人员一起探讨人员流动的原因。

（2）项目开始前就把缓解这些原因的工作列入管理计划中。

（3）项目启动时要做好人员流动会出现的准备。采取一些技术以确保人员一旦离开后，项目仍能继续。

（4）建立良好的项目组织和通信渠道，以使大家都了解每一个有关开发活动的信息。

（5）制定文档标准并建立相应机制，以保证文档能够及时建立。

（6）对所有工作组织细致的评审，使大多数人能够按计划进度完成自己的工作。

（7）每一个关键性的技术岗位要培养后备人员。

这些风险驾驭步骤带来了额外的项目成本。当通过某个风险驾驭步骤而得到的收益被实现它们的成本超出时，要对风险驾驭部分进行评价，进行传统的成本—效益分析。

对于一个大型软件项目，可能识别 30～40 项风险。如果每一项风险有 3～7 个风险驾驭步骤，那么风险驾驭本身也可能成为一个项目。正因为如此，我们把 Pareto 的 80/20 规则用到软件风险上。经验表明，所有项目风险的 80%（可能导致项目失败的 80%的潜在因素）能够通过 20%的已识别风险来说明。在早期风险分析步骤中所做的工作可以帮助计划人员确定，哪些风险在这 20%之内。由于这个原因，某些被识别过、估计过及评价过的风险可以不写进风险驾驭计划中，因为它们不属于关键的 20%（具有最高项目优先级的风险）。

风险驾驭步骤要写进风险缓解、监控和驾驭计划（Risk Mitigation Monitoring and Management Plan，RMMM）。RMMM 记叙了风险分析的全部工作，并且作为整个项目计划的一部分供项目管理人员使用。

4. 风险监控

一旦制订出 RMMM 且项目已开始执行，风险缓解与监控就开始了。风险缓解是一种问题回避活动，风险监控是一种项目追踪活动，它有以下三个主要目标。

（1）判断一个预测的风险在事实上是否发生了。

（2）确保针对某个风险而制定的风险消除步骤正在合理地使用。

（3）收集可用于将来的风险分析的信息。

在多数情况下，项目中发生的问题总能追踪到许多风险。风险监控的另一项工作就是要把"责任"(什么风险导致问题发生)分配到项目中。

风险分析需要占用许多有效的项目计划工作量。识别、估计、评价、管理和监控都需要时间,但这些时间花得值得。

任务 10.3　项目人力资源管理

项目人力资源管理包括一些过程,要求充分发挥参与项目的人员的作用,包括所有与项目有关的人员:项目负责人、客户、为项目做出贡献的个人及其他的人员。图 10-1 提供了项目人力资源管理总览表。

这些程序之间互相影响,并且与其他知识领域中的程序相互影响。依据项目的需要,每道程序可能都包含一个或更多的个人或团队的努力。虽然这里列出的程序如同界限分明的一个个独立要素,但实际上它们可能以某些没有在此详述的方式相互重合或相互影响。在实际操作过程中,对于处理人际关系有大量的书面文件资料规定,其中包括:

(1)领导沟通、协商及其他部分阐述的关键性整体管理技巧。

(2)授权、激励士气、指导、忠告及其他与处理个人关系有关的主题。

(3)团队建设、解决冲突及其他与处理团队关系有关的主题。

(4)绩效评定、招聘、留用、劳工关系,健康与安全规则及其他与管理人力资源功能有关的主题。

图 10-1　项目人力资源管理总览表

这里大多数的资料直接适用于领导和管理项目成员,而项目经理和项目管理小组应当对此十分熟悉并能将这些知识在项目中加以运用。例如:

(1)项目的临时性特征意味着个人之间和组织之间的关系总体而言是既短暂又新鲜,

项目管理小组必须仔细选择适应这种短暂关系的管理技巧。

（2）在项目生命周期中，项目相关人员的数量和特点经常会随着项目从一个阶段进入另一个阶段而有所改变，结果使得在一个阶段中非常有效的管理技巧到了另一个阶段会失去效果。项目管理小组必须注意选用适合当前需求的管理技巧。

（3）人力资源行政管理工作一般不是项目管理小组的直接责任。但为了深化管理力度，小组必须对行政管理的必要性有足够的重视。

10.3.1 组织规划

组织规划包括确定书面计划并分配项目任务、职责和报告关系。任务、职责和报告关系可以分配到个人或团队。这些个人和团队可以是执行项目的组织的组成部分，也可以是项目组织外部的人员。

在大多数项目中，组织规划主要作为项目最初阶段的一部分。这一过程的结果应当在项目全过程中经常性地复查以保证它的持续适用性。若最初的组织规划不再有效，则应当立即修正。

1. 组织规划的输入

1）项目层次

项目层次通常有以下三个方面。

（1）组织层面。不同的组织单位之间具有正式的或非正式的报告关系。组织层面可能十分复杂，也可能非常简单。

（2）技术层面。不同的技术规程之间具有正式或非正式的报告关系。技术层面既存在于项目各阶段之中，也存在于项目各阶段之间。

（3）人际层面。在项目中工作的不同个人之间具有正式的或非正式的报告关系。

这些层面往往同时存在，例如，当一个设计公司雇用的建筑师向建筑承包商的项目管理小组解释关键性设计思路，而该项目小组与他并无直接关系时，上述各个层面就同时存在。

2）人员需求

人员需求界定了在什么样的时间范围内，对什么样的个人和团体，要求具备什么样的技能。人员需求是在资源规划过程中决定整体资源需求中的一部分。

3）制约因素

制约因素是限制项目小组选择自由的因素。一个项目的组织选择可以从很多方面加以制约。常用的可以制约团队如何组织的因素包括以下几点：

（1）执行组织的组织结构：一个以强矩阵型为基础结构的组织，意味着它的项目经理承担着与此相关的重大责任，比以弱矩阵型为基础结构的组织中的项目经理所担负的责任更为重大。项目职责分配模型如图10-2所示。

（2）集体协商条款：与工会或其他雇员组织达成的合同条款可能会要求特定的任务或报告关系（实质上，雇员组织也是项目相关人员）。

（3）项目管理小组的偏爱：如果项目管理小组在过去运用某些特定的管理结构取得过成功，它们就可能在将来提倡使用类似的结构。

（4）预期的人员分配：项目的组织常受专业人员的技术和能力的影响。

人员 项目阶段	A	B	C	D	E	F	…
要求	S	R	A	P	P		
功能	S		A	P		P	
设计	S		R	A	I		P
开发		R	S	A		P	P
测试			S	P	I	A	P

注：P—参与者，A—负责者，R—复查需求，I—输入需求，S—潜在需求。

图 10-2　项目职责分配模型

2. 管理规划的手段和技巧

（1）样板法。虽然每个项目都是独一无二的，但大多数项目会在某种程度上与其他项目类似。运用一个类似项目的任务或职责的定义或报告关系，有助于加快组织规划程序的运行。

（2）人力资源经验。许多组织有各种政策指导和程序，在组织规划的各方面为项目管理小组提供帮助。例如，一个把经理看做"教练"的组织很可能拥有关于"教练"的任务如何执行的文件资料。

（3）组织理论。有大量的书面规定阐述了组织能够且应当如何构建。虽然这些书面规定中仅有一小部分是以项目组织为专门目标的，但项目管理小组仍应从总体上熟悉组织理论的主旨，以便更好地满足项目的需要。

（4）相关人员分析。各个相关人员的需求在应得到仔细分析，保证他们的要求能得到满足。

3. 组织规划的输出

1）任务和职责的分配

项目任务（谁做什么）和职责（谁决定什么）必须分配给合适的项目相关人员。任务和职责可能会随时间而改变。大多数任务和职责将分配给积极参与项目工作的有关人员，例如项目经理、项目管理小组的其他成员以及为项目做出贡献的个人。

项目经理的任务和职责在多数项目中通常是一致的，但在不同的应用领域会有明显改变。项目任务和职责应当与项目的范围界定紧密相连。有一种职责分配矩阵模型常用于此目的。

2）人员管理计划

人员管理计划阐述人力资源在何时、以何种方式加入和离开项目小组。人员计划可以是正式的，也可以是非正式的；可以是十分详细的，也可以是框架概括型的，皆依项目的需要而定。它是整体项目计划中的辅助因素。

应特别注意项目小组成员（个人或团体）不再为项目所需要时，他们是如何解散的。适当的再分配程序可以是：

（1）通过减少或消除为了填补两次再分配之间的时间空档而"制造工作"的趋势来降低成本。

（2）通过降低或消除对未来就业机会的不确定心理来鼓舞士气。

3）组织表

组织表是项目报告关系的图表展示。它可以是正式的或非正式的，十分详细的或框架概括型的，依据项目的需要而定。例如，一份关于3~4人的内部服务项目组织表不可能像一份关于3000人的原子能工厂的组织表那么严密而详细。

4）详细说明

组织规划的详细说明随应用领域和项目规模的不同而改变。通常作为详细说明而提供的信息包括以下内容。

（1）组织的影响力：哪些选择被组织工作以这种方式排除。

（2）职务说明：写明职务所需的技能、职员、知识、权力、物质环境，以及其他与该职务有关的素质。又称职位说明。

（3）培训要求：如果并不期望供分配的人员具备项目所需要的技能，则需要把培训技能作为项目的一部分。

10.3.2　人员组织

人员组织包括得到所需的人力资源（个人或团队），将其分配到项目中工作。在大多数情况下，可能无法得到"最佳"的人力资源，但项目管理小组必须注意保证所利用的人力资源能符合项目的要求。人员组织管理表如图10-3所示。

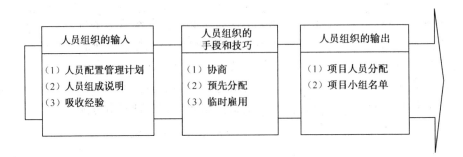

图10-3　人员组织管理表

1. 人员组织的输入

（1）人员配置管理计划。人员配置管理计划包括项目人员配置的要求。

（2）人员组成说明，当项目管理小组能够影响或指导人员分配时，它必须考虑可能利用的人员的素质。主要考虑以下几点。

① 工作经验：那些个人或团队以前从事过类似的或相关的工作吗？他们做得出色吗？

② 个人兴趣：那些个人或团体对从事这个项目感兴趣吗？

③ 个性：那些个人或团体对于以团队合作的方式工作是否感兴趣？

④ 人员利用：能否在必要的时间内得到项目最需要的个人或团体？

（3）吸收经验。参与项目的一个或多个组织可能拥有有关的策略、方法或指导人员分配的程序。当这些经验存在时，它们就成为人员组织程序的制约因素。

2. 人员组织的手段和技巧

（1）协商。人员分配在多数项目中必须通过协商进行。

（2）预先分配。在某些情况下，可以预先将人员分配到项目中。这些情况常常是：

① 该项目是完成一项提议的结果，而使用特定的人员是该项提议允诺的一部分。

② 该项目是一个内部服务项目且人员的分配已在项目安排表中有规定。

（3）临时雇用。项目采购管理可用于开展项目工作而取得特定个人或团队的服务。当执行组织缺少内部工作人员去完成这个项目时就需要临时雇用人员。

3. 人员组织的输出

（1）项目人员分配。当适当的人选被信任地分配到项目中并为之工作时，项目人员配置就完成了。依据项目的需要，项目人员可能被分配全职工作、兼职工作或其他各种类型的工作。

（2）项目小组名单。项目小组名单罗列了所有的项目小组成员和其他与关键项目相关的人员。这个名单可以是正式的或非正式的，十分详细的或框架概括型的，皆依项目的需要而定。

10.3.3 团队发展

团队发展包括提高项目相关人员作为个体做出贡献的能力和提高项目小组作为团队尽其职责的能力。个人能力的提高（管理上的和技术上的）是提高团队能力的必要基础。团队发展是项目达标能力的关键。

当小组成员个人对部门经理和项目经理都要负责时，项目团队的发展常常是复杂的。对这种双重报告关系的有效管理常常是项目最重要的成功因素，而且通常是项目经理的责任。

尽管团队发展是作为执行程序之一的，但它仍贯穿于项目全过程。团队发表管理表如图 10-4 所示。

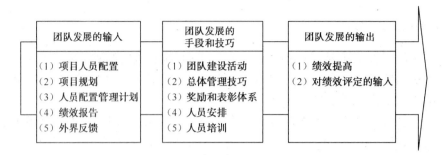

图 10-4　团队发展管理表

1. 团队发展的输入

（1）项目人员配置。人员安排中包含了对可用于组建项目团队的个人能力和小组能力的界定。

（2）项目规划。项目规划阐明了项目小组工作的技术内容。

（3）人员配置管理计划。人员配置管理计划包括项目人员配置的要求。

（4）绩效报告。绩效报告为项目小组提供了关于项目计划执行情况的反馈。

（5）外界反馈。项目小组必须定期对照项目外部人员对项目绩效的期望进行自我检测。

2. 团队发展的手段和技巧

1）团队建设活动

团队建设活动包括专门采取的管理活动和个人行动，首要目的是提高团队绩效。许多行动的间接结果都可以提高团队绩效。团队建设可以有多种形式：从常规情形下复查会议中 5min 的议事日，到为了增进关键性项目相关人员之间的人际关系而设计的广泛的、地点不固定的、专业的促进关系体验。在团队建设方面有大量的书面文件资料规定。项目管理小组应从总体上熟悉各种队伍建设活动。

2）总体管理技巧

总体管理技巧对团队发展有特殊的重要性。

3）奖励和表彰体系

奖励和表彰体系是正式的管理措施。为了鼓励和促进符合项目需要的行为，这种体系必须在绩效和奖励之间建立一种清晰、明确和易于接受的联系。例如，一个因达到项目成本目标而受奖励的项目经理应当具有相当的控制人员过度配置和聘用的决策水平。

由于执行组织的奖励和表彰体系可能并不适用于具体项目，所以各项目必须拥有自己的奖励和表彰体系。例如，为了达到积极有效的进度目标而加班工作的意愿应当得到奖励或表彰，但因为计划不当而需要加班工作就不应得到奖励。

奖励和表彰体系还必须考虑文化差异。例如，在一个崇尚个人主义的文化背景中，建立一个适当的集体奖励体系可能会十分困难。

4）人员安排

人员安排包括将大多数积极工作的项目小组中的所有（或几乎所有）成员安排在同一个工作场所，以提高他们作为一个团队执行项目的能力。人员安排广泛应用于较大型的项目中，在较小型的项目中也很有效。

5）人员培训

人员培训包括为了提高项目小组的技能知识和能力水平而设计的各种活动。培训可以是正式的或非正式的。如果项目小组成员缺乏必要的管理和技术方面的技能，则必须将提高此类技能作为项目的一部分，或者采取一定步骤对人员重新进行适当分配。直接或间接的培训费用通常由执行组织支付。

3. 团队发展的输出

（1）绩效提高。团队发展的首要成果就是项目绩效的提高。这种提高可能来自许多资源，并能对项目绩效的许多方面产生影响。

（2）对绩效评定的输入。项目人员通常应当向有明显的相互关系的项目组成人员的绩效评定提供输入。

任务 10.4　进度计划管理

进度安排的准确程度比成本估算的准确程度更重要。软件产品可以靠重新定价或者靠大量的销售来弥补成本的增加，但是进度安排的落空，会导致市场机会的丧失，使用户不满意，而且也会导致成本的增加。

1. 软件开发小组人数与软件生产率

对于一个小型软件开发项目，一个人就可以完成需求分析、设计、编码和测试工作。随着软件开发项目规模的扩大，需要更多的人共同参与同一软件项目的工作，因此要求由多人组成软件开发组。但软件产品是逻辑产品而不是物理产品，当几个人共同承担软件开发项目中的某一任务时，人与人之间必须通过交流来解决各自承担任务之间的接口问题，即所谓通信问题。通信需花费时间和代价，会增加软件错误，降低软件生产率。

若两个人之间需要通信，则在这两人之间存在一条通信路径。如果一个软件开发组有 n 个人，每两人之间都需要通信，则总的通信路径有 $n×(n-1)/2$（条）。假设一个人单独开发软件，生产率是 5000 行/人年。若 4 个人组成一个小组共同开发这个软件，则需要 6 条通信路径。若在每条通信路径上耗费的工作量是 250 行/人年，则组中每人的生产率降低为：

5000-6×250÷4＝5000-375＝4625 行/人年。

从上述简单分析可知，一个软件任务由一个人单独开发，生产率最高；而对于一个稍大型的软件项目，一个人单独开发，时间太长。因此，软件开发组是必要的。有人提出，软件开发组的规模不能太大，人数不能太多，一般为 2～8 人为宜。

2. 任务的确定与并行性

当参加同一软件工程项目的人数不止一人的时候,开发工作就会出现并行情形。图 10-5 显示了一个典型的由多人参加的软件工程项目的任务图。

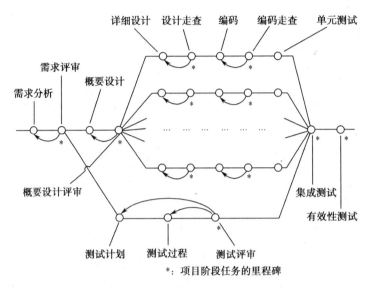

图 10-5　软件项目的并行性

在软件开发过程的各种活动中,第一项任务是进行项目的需求分析和评审,此项工作为以后的并行工作打下了基础。一旦软件的需求得到确认,并且通过了评审,概要设计(系统结构设计和数据设计)工作和测试计划制订工作就可以并行进行。如果系统模块结构已经建立,对各个模块的详细设计、编码、单元测试等工作又可以并行进行。待到每一个模块都已经调试完成,就可以对它们进行组装,并进行组装测试,最后进行确认测试,为软件交付进行确认工作。在图 10-5 中可以看到,软件开发进程中设置了许多里程碑。里程碑为管理人员提供了指示项目进度的可靠依据。当一个软件工程任务成功地通过了评审并产生了文档之后,一个里程碑就完成了。

软件工程项目的并行性提出了一系列的进度要求。因为并行任务是同时发生的,所以进度计划必须决定任务之间的从属关系,确定各个任务的先后次序和衔接,确定各个任务完成的持续时间。此外,应注意构成关键路径的任务,即若要保证整个项目能按进度要求完成,就必须保证这些任务要按进度要求完成。这样就可以确定在进度安排中应保证的重点。

10.4.1　制定项目进度计划

在整个定义与开发阶段工作量分配的方案称为 40—20—40 规则。它指出在整个软件开发过程中,编码的工作量仅占 20%,编码前的工作量占 40%,编码后的工作量占 40%。

40—20—40 规则只用来作为一个指南。实际的工作量分配比例必须按照每个项目的特点来决定。一般在计划阶段的工作量很少超过总工作量的 2%~3%,除非是具有高风险的巨额投资的项目。需求分析可能占总工作量的 10%～25%。花费在分析或原型化上的工作量应当随项目规模和复杂性成比例地增加。通常用于软件设计的工作量为 20%～25%，而用在设计评审与反复修改的时间也必须考虑在内。

由于软件设计已经投入了工作量，因此其后的编码工作相对来说困难要小一些，用总工作量的 15%～20%就可以完成。测试和随后的调试工作约占总工作量的 30%～40%。所需要的测试量往往取决于软件的重要程度。

由 COCOMO 模型可知，开发进度 TDEV 与工作量 MM 的关系（其中，经验常数 a 和 b 取决于项目的总体类型）。

$$\text{TDEV} = a(\text{MM})^b$$

如果想要缩短开发时间，或想要保证开发进度，必须考虑影响工作量的那些因素。按可减小工作量的因素取值。比较精确的进度安排可利用中间 COCOMO 模型或详细 COCOMO 模型。

10.4.2　界定项目的范围和进度

范围界定包括分解这个主要工作细目的子项目，使它变成更小、更易管理、操作。目的如下。

（1）提高估算成本、时间和资源的准确性。

（2）为绩效测量和控制确定一个基准线。

（3）使工作变得更易操作、责任分工更加明确。

正确的范围界定是项目成功的关键。当它是一个很差的范围界定时，由于不可避免的变化可能会使最终项目成本很高，因为这些不可避免的变化会破坏项目节奏，导致重复工作、增加项目运行的时间、降低生产功效和工作人员的士气。

软件项目的进度安排与任何一个多任务工作的进度安排基本差不多。只要稍加修改，就可以把用于一般开发项目的进度安排的技术和工具应用于软件项目。

软件项目的进度计划和工作的实际进展情况，需要采用图示的方法描述，特别是表现各项任务之间进度的相互依赖关系。以下介绍几种有效的图示方法。在这几种图示方法中，必须明确标明下列信息：

（1）各个任务的计划开始时间，完成时间。

（2）各个任务完成的标志（○表示文档编写和△表示评审）。

（3）各个任务与参与工作的人数、各个任务与工作量之间的衔接情况。

（4）完成各个任务所需的物理资源和数据资源。

1. 甘特图

甘特图用水平线段表示任务的工作阶段，线段的起点和终点分别对应着任务的开工时间和完成时间，线段的长度表示完成任务所需的时间。图 10-6 给出了一个具有 5 个任务的甘特图。如果这 5 条线段分别代表完成任务的计划时间，则在横坐标方向附加一条可向右移动的纵线。它可随着项目的进展，指明已完成的任务（纵线扫过的）和有待完成的任务（纵线尚未扫过的）。从甘特图上可以很清楚地看出各子任务在时间上的对比关系。

在甘特图中,每一任务完成的标准,不是以能否继续下一阶段任务为标准,而是必须以交付应交付的文档与通过评审为标准。因此在甘特图中,文档编制与评审是软件开发进度的里程碑。甘特图的优点是标明了各任务的计划进度和当前进度,能动态地反映软件开发进展情况。缺点是难以反映多个任务之间存在的复杂的逻辑关系。

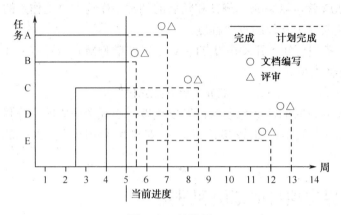

图 10-6 甘特图

2. PERT 技术和 CPM 方法

PERT 技术叫做计划评审技术,CPM 方法叫做关键路径法,它们都是安排开发进度、制订软件开发计划的最常用的方法。它们都采用网络图来描述一个项目的任务网络,也就是从一个项目的开始到结束,把应当完成的任务用图或表的形式表示出来。通常用两张表来定义网络图。一张表给出与一特定软件项目有关的所有任务(也称为任务分解结构),另一张表给出应当按照什么样的次序来完成这些任务(也称为限制表)。

PERT 技术和 CPM 方法都为项目计划人员提供了一些定量的工具:

(1) 确定关键路径,即决定项目开发时间的任务链。

(2) 应用统计模型,对每一个单独的任务确定最可能的开发持续时间的估算值。

(3) 计算边界时间,以便为具体的任务定义时间窗口。边界时间的计算对于软件项目的计划调度是非常有用的。

例如,某一开发项目在进入编码阶段之后,考虑安排三个模块(A、B、C)的开发工作。其中,模块 A 是公用模块,模块 B 与 C 的测试有赖于模块 A 调试的完成。模块 C 是利用现成已有的模块,但对它要在理解之后做部分修改。最后,直到 A、B 和 C 做组装测试为止。这些工作步骤按图 10-7 来安排。在图 10-7 中,各边表示要完成的任务,边上均标注任务的名字,如"A 编码"表示模块 A 的编码工作。边上的数字表示完成该任务的持续时间。图 10-7 中有数字编号的结点是任务的起点和终点,在图 10-7 中,0 号结点是整个任务网络的起点,8 号结点是终点。图中足够明确地表明了各项任务的计划时间,以及各项任务之间的依赖关系。

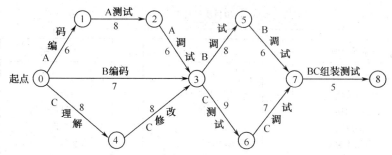

图 10-7　开发模块（A、B、C）的任务网络图

在组织较为复杂的项目任务时，或是需要对特定的任务进一步做更为详细的计划时，可以使用分层的任务网络图。

在软件工程项目中必须处理好进度与质量之间的关系。在软件开发实践中常常会遇到这样的事情：当任务未能按计划完成时，只好设法加快进度赶上去。但事实告诉我们，在进度压力下赶任务，其成果往往是以牺牲产品的质量为代价的。还应当注意到，产品的质量与生产率有着密切的关系。

任务 10.5　质 量 管 理

项目质量管理包含一些程序，它要求保证该项目能够兑现它的关于满足各种需求的承诺。它包括在质量体系中与决定质量工作的策略、目标和责任的全部管理功能有关的各种活动，并通过质量计划、质量保证和质量提高等手段来完成这些活动。

这些工作程序互有影响，并且与其他知识领域中的程序之间也存在相互影响。依据项目的需要，每道程序都可能包含一个或更多的个人或团队的努力。在每个项目阶段中，每道程序通常都会至少经历一次。

项目质量管理必须兼顾项目管理和项目生产。在任何一方面未满足质量要求都可能导致对部分或全部的项目相关人员产生严重的负面效果。

质量是一个实体的性能总和，它可以凭借自己的能力去满足对它的明示或暗示的需求。在项目管理中，质量管理的既定方向就是通过项目范围界定管理体制，必须将暗示的需求变为明示需求的必要性。

项目管理小组必须注意，不要把质量与等级相混淆。等级是一种具有相同使用功能、不同质量要求的实体的类别或级别。质量低通常是个问题，级别低就可能不是。例如，一个软件产品可能是高质量（没有明显问题，具备可读性较强的用户手册）、低等级（数量有限的功能特点）的，或者是低质量（问题多，用户文件组织混乱）、高等级（无数的功能特点）的。决定和传达质量与等级的要求层次是项目经理和项目管理小组的责任。

项目质量管理总览如图 10-8 所示。

```
                        项目质量管理
        ┌───────────────────┼───────────────────┐
     质量计划             质量保证            质量控制
```

质量计划
1. 输入
(1) 质量策略
(2) 范围阐述
(3) 产品说明
(4) 标准和规则
(5) 其他程序的输出
2. 手段和技巧
(1) 效益/成本分析
(2) 基本水平标准
(3) 流程图
(4) 试验设计
3. 输出
(1) 质量管理计划
(2) 操作性定义
(3) 审验单
(4) 对其他程序的输入

质量保证
1. 输入
(1) 质量管理计划
(2) 质量控制检测结果
(3) 操作性定义
2. 手段和技巧
(1) 质量计划手段和技巧
(2) 质量审查
3. 输出
质量提高

质量控制
1. 输入
(1) 项目成果
(2) 质量管理计划
(3) 操作性定义
(4) 审验单
2. 手段和技巧
(1) 检验
(2) 控制表
(3) 排列图
(4) 抽样调查统计
(5) 流程图
(6) 趋势分析
3. 输出
(1) 质量提高
(2) 可接受的决定
(3) 返工
(4) 完成后的审验单
(5) 项目调整

图 10-8　项目质量管理总览

项目管理小组还应该注意，现代的质量管理是现代的项目管理的补充。

此外，由执行组织主动采取的质量提高措施（例如整体质量管理、可持续发展等）既能够提高项目管理的质量，也能提高项目的生产质量。

然而，项目管理小组必须明确重要的一点：项目的暂时性特征意味着在产品质量提高上的投资，尤其是缺陷的预防和鉴定评估，常常有赖于执行组织的支持，因为这种投资的效果可能在项目结束以后才得以体现。

10.5.1　质量计划

质量计划包括确定哪种质量标准适合该项目并决定如何达到这些标准，在项目计划中是程序推进的主要推动力之一，应当有规律地执行并与其他项目计划程序并行。例如，对管理质量的要求可能是对成本或进度计划的调节，对生产质量的要求则可能是对确定问题的详尽的风险分析。比 ISO 9000 国际质量体系的发展更进一步的是，这里作为质量计划所描述的工作是作为质量保证的一部分而进行广泛讨论的。

这里所讨论的质量计划技巧是在项目中最常用的那一部分。还有许多其他的质量计划技巧可能在一些特定的项目或者一些应用领域中有用。

项目小组还应注意现代质量管理中的一项基本原则：在计划中确定质量，而非在检验中确定。

1. 质量计划的输入

（1）质量策略。质量策略是一个注重质量的组织的所有努力和决策，通常称为顶级管理。执行组织的质量策略经常能被项目所采用。然而，如果执行组织忽略了正式的质量策略或者如果项目包含了多重的执行组织（合资企业），项目管理小组就需要专为这个项目而开发一次质量策略。质量计划管理如图 10-9 所示。

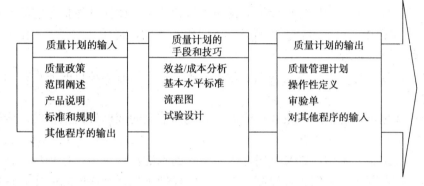

图 10-9　质量计划管理图

不管质量策略的因由是什么，项目管理小组有责任确保项目相关人员充分意识到它。

（2）范围阐述。范围阐述是对质量计划的主要输入，因为它是揭示主要的子项目和项目目标的书面文件，后者界定了重要的项目相关人员的需求。

（3）产品说明。虽然产品说明的因素可以在范围阐述中加以具体化，但产品说明通常仍需阐明技术要点的细节和其他可能影响质量计划的因素。

（4）标准和规则。项目管理小组必须考虑任何适用于特定领域的专门标准和规则。

（5）其他程序的输出。除了范围阐述和产品说明外，在其他知识领域中的程序也可能产生一定的结果，应当作为质量计划的一部分加以考虑。

2. 质量计划的手段和技巧

（1）效益/成本分析。质量计划程序必须考虑效益/成本平衡。达到质量标准，首先就是减少了返工，这就意味着高效率、低成本以及提高项目相关人员的满意度。达到质量标准的首要成本是与项目质量管理活动有关的费用。质量管理的原理表明，效益比成本更重要。

（2）基本水平标准。基本水平标准包括将实际的或计划中的项目实施情况与其他项目的实施情况相比较，从而得出提高水平的思路，并提供检测项目绩效的标准。其他项目可能在执行组织的工作范围之内，也可能在执行组织的工作范围之外；可能属于同一应用领域，也可能属于别的领域。

（3）流程图。流程图是显示系统中各要素之间的相互关系的图表。在质量管理中常用的流程图技巧包括：

① 因果图，又称 Ishikawa 图，用于说明各种直接原因、间接原因与所产生的潜在问题和影响之间的关系。

② 系统或程序流程图，用于显示一个系统中各组成要素之间的相互关系。

流程图能够帮助项目小组预测可能发生哪些质量问题，在哪个环节发生，因而有助于使解决问题手段更为高明。

（4）试验设计。试验设计是一种分析技巧，它有助于鉴定哪些变量对整个项目的成果产生最大的影响。这种技巧最常应用于项目生产的产品。但它也可应用于项目管理成果，如成本和进度的平衡。常常可以使人从数量有限的几种相关的情况中得出解决问题的正确决策。

3. 质量计划的输出

（1）质量管理计划。质量管理计划应说明项目管理小组如何具体执行它的质量策略。在 ISO 9000 的术语中，对质量体系的描述是："组织结构、责任、工序、工作过程及具体执行质量管理所需的资源"。

质量管理计划为整个项目计划提供了输入资源，并必须兼顾项目的质量控制、质量保证和质量提高。

质量管理计划可以是正式的或非正式的，高度细节化的或框架概括型的，皆以项目的需要而定。

（2）操作性定义。操作性定义是用非常专业化的术语描述各项操作规程的含义，以及如何通过质量控制程序对它们进行检测。例如，仅仅把满足计划进度时间作为管理质量的检测标准是不够的，项目管理小组还应指出是否每项工作都应准时开始，抑或只要准时结束即可；是否要检测个人的工作，抑或仅仅对特定的子项目进行检测。如果确定了这些标准，那么哪些工作或工作报告需要检测。在一些应用领域，操作性定义又称为公制标准。

（3）审验单。审验单是一种组织管理手段，通常是工业或专门活动中的管理手段，用以证明需要执行的一系列步骤是否已经得到贯彻实施。审验单可以很简单，也可以很复杂。常用的语句有命令式（"完成工作！"）或询问式（"你完成这项工作了吗？"）。许多组织提供标准化审验单，以确保对常规工作的要求保持前后一致。在某些应用领域中，审验单还会由专业协会或商业服务机构提供。

（4）对其他程序的输入。质量计划程序可以在其他领域提出更长远的工作要求。

10.5.2 质量保证

质量保证是为了提供信用，证明项目将会达到有关质量标准，而在质量体系中开展的有计划、有组织的工作活动。它贯穿于整个项目的始终。比 ISO 9000 质量体系的发展更进一步的是，在质量计划部分所描述的活动从广义上说，也是质量保证的组成部分。

质量保证通常由质量保证部门或有类似名称的组织单位提供，但也不都是如此。

这种保证可以向项目管理小组和执行组织提供（内部质量保证），或者向客户和其他没有介入项目工作的人员提供（外部质量保证）。

1. 质量保证的输入

（1）质量管理计划。

（2）质量控制检测结果。质量控制检测结果是对质量控制的检测和测试以比较分析的形式做出的报告。

（3）操作性定义。

2. 质量保证的手段和技巧

（1）质量计划的手段和技巧。

（2）质量审查。质量审查是对其他质量管理活动的结构性复查。质量审查的目的是确定所得到的经验教训，从而提高执行组织对这个项目或其他项目的执行水平。质量审查可以是有进度计划的或随机的；可以由训练有素的内部审计师进行，或者由第三方（如质量体系注册代理人）进行。

3. 质量保证的输出

质量提高。质量提高包括采取措施提高项目的效益和效率，为项目相关人员提供更多的利益。在大多数情况下，完成提高质量的工作要求做好改变需求或采取纠正措施的准备，并按照整体变化控制的程序执行。

10.5.3 质量控制

质量控制包括监控特定的项目成果，以判定它们是否符合有关的质量标准，并找出方法消除造成项目成果不令人满意的原因。它应当贯穿于项目执行的全过程。项目成果包括生产成果（如阶段工作报告）和管理成果（如成本和进度的执行）。质量控制通常由质量控制部门或有类似名称的组织单位执行，当然并不是都是如此。

项目管理小组应当具备质量控制统计方面的实际操作知识，尤其是抽样调查和可行性调查，这可以帮助他们评估质量控制成果。在其他课题中，他们应区分：

（1）预防（不让错误进入项目程序）和检验（不让错误进入客户手中）。

（2）静态调查（其结果要么一致，要么不一致）和动态调查（其结果依据衡量一致性程度的一种持续性标准而评估）。

（3）确定因素（非常事件）和随机因素（正态过程分布）。

（4）误差范围（如果其结果落入误差范围所界定的范围内，那么这个结果就是可接受的）和控制界限（如果其成果落入控制界限内。那么该项目也在控制之中）。质量控制管理图如图 10-10 所示。

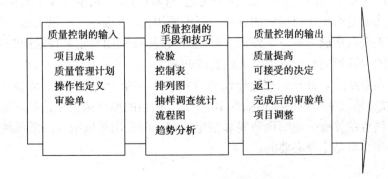

图 10-10　质量控制管理图

1. 质量控制的输入

（1）项目成果。包括程序运行结果和生产成果。关于计划的或预测的成果信息（来源于项目计划）应当同有关实际成果的信息一起被利用。

（2）质量管理计划。

（3）操作性定义。

（4）审验单。

2. 质量控制的手段和技巧

（1）检验。检验包括测量、检查和测试等活动，目的是确定项目成果是否与要求相一致。检验可以在任何管理层次中开展（例如，一个单项活动的结果和整个项目的最后成果都可以检验）。检验有各种名称：复查、产品复查、审查及回顾；在一些应用领域中，这些名称有范围较窄的专门含义。

（2）控制表。控制表是根据时间推移对程序运行结果的一种图表展示，常用于判断程序是否"在控制中"进行（例如，程序运行结果中的差异是否因随机变量所产生？是否必须对突发事件的原因查清并纠正？）。当一个程序在控制之中时，不应对它进行调整。这个程序可能为了得到改进而有所变动，但只要它在控制范围之中，就不应人为地去调整它。

控制表可以用来监控各种类型的变量的输出。尽管控制表常被用于跟踪重复性活动（如生产事务），但它还可以用于监控成本和进度的变动、容量和范围变化的频率，项目文件中的错误，或者其他管理结果，以便判""项目管理程序"是否在控制之中。项目进度执行控制表如图 10-11 所示。

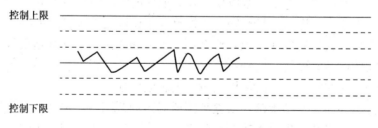

图 10-11　项目进度执行控制表

（3）排列图（如图 10-12 所示）。排列图是一种直方图，由事件发生的频率组织而成，用以显示多少成果是产生于已确定的各种类型的原因的。等级序列是用来指导纠错行动的：项目小组应首先采取措施去解决导致最多缺陷的问题。排列图与帕累特法则的观点有联系，后者认为相应的少数原因会导致大量的问题或缺陷。

（4）抽样调查统计。抽样调查统计包括抽取总体中的一个部分进行检验（例如，从一份包括 75 张设计图纸的清单中随机抽取 10 张）。适当的抽样调查往往能降低质量控制成本。关于抽样调查统计有大量书面资料和规定。在一些应用领域中，熟悉各种抽样调查技巧对于项目管理小组是十分必要的。

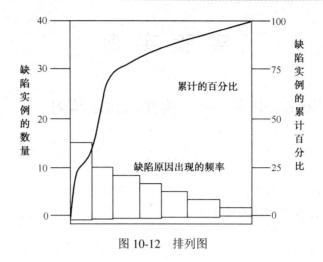

图 10-12 排列图

（5）流程图。在质量控制中，运用流程图有助于分析问题是如何发生的。

（6）趋势分析。趋势分析指运用数字技巧，依据过去的成果预测将来的产品。趋势分析常用于下列监测。

① 技术上的绩效：有多少错误和缺陷已被指出，有多少仍未纠正。

② 成本和进度绩效：每个阶段有多少活动的完成有明显的变动。

3. 质量控制的输出

（1）质量提高。

（2）可接受的决定。经检验后的工作结果或被接受，或被拒绝。被拒绝的工作成果可能需要返工。

（3）返工。返工是将有缺陷的、不符合要求的产品变为符合要求和设计规格的产品的行为。返工，尤其是预料之外的返工，在大多数应用领域中是导致项目延误的常见原因。项目小组应当尽一切努力减少返工。

（4）完成后的审验单。在使用审验单时，完成之后的审验单应为项目报告的组成部分。

（5）项目调整。项目调整指作为质量检测结果而随时进行的纠错和预防行为。在有些情况下，项目调整可能需要依据整体变化控制的程序来实行。

小　　结

软件工程学包括方法、工具和管理三个研究领域。只有在科学的管理之下，先进的技术方法和优良的软件工具才能真正发挥它们的威力。因此，管理是大型软件工程项目成功的关键。

人们虽然已经开始认识到科学的软件管理的重要性，但是在软件管理科学方面至今尚未取得重大突破。研究适应软件开发和维护特点的行之有效的管理技术，仍然是今后相当长时期内的艰巨任务。

实 验 实 训

实训一 Microsoft Project 软件的初步练习

1. 实训目的

（1）熟悉 Project 软件的界面。
（2）掌握 Project 软件的基本操作。

2. 实训内容

（1）学会利用 Project 2003 创建项目。
（2）完成实训报告。

3. 操作步骤

创建新项目

（1）利用 Project 模板建立一个项目（前提条件：Project 已完全安装）。
在菜单中选择【文件】|【新建】命令，选择【本机上的模板】|【Project 模板】命令，选择【Microsoft Office Project 2003 部署】。
① 插入新任务：在插入的位置单击鼠标右键，选择新任务。
② 删除新任务：在删除的位置单击鼠标右键，选择删除任务。
③ 修改任务：选择菜单中的【项目】|【任务信息】命令，在弹出的对话框中进行修改。
④ 验证任务：试着利用鼠标拖住（选中）一些任务，然后单击右键，从弹出的快捷菜单中选中删除任务，观察工期和日程的安排。改变一些任务的工期，观察项目日程的安排。
⑤ 更改工作时间：选择菜单中的【工具】|【更改工作时间】命令。
（2）利用【项目向导】定义项目。
① 单击菜单中任务左边的一个书型按钮，再次单击，观察。
② 单击定义项目，输入项目开始时间，单击【保存】按钮并前往第 2 步，按照提示顺序单击下去。
③ 建立新的日程表：单击定义常规工作时间。选择日历模板，通常选取标准模板，然后保存并前往第 2 步，最后，尝试着做多种选择（想选取多个日期时，可以按住 Ctrl 键＋鼠标左键进行不连续选取）并恢复默认设置。保存并前往第 3 步，当需要对个别日期进行设置时，单击【更改工作时间】。修改后，单击【保存】按钮并前往第 4 步、第 5 步。保存完成。
④ 输入任务名：单击列出项目中的任务，有两种输入法，即直接输入法与"从 Excel 导入任务"方式。

⑤ 直接输入法：首先输入各项任务、工期。输入完毕，回到项目向导。然后，单击将任务分成阶段。选择子一级的项目单击向右的一个箭头图标。为了能够看见项目的整体情况，选择【工具】|【选项】，并选择【视图】选项卡，选中【显示项目摘要任务】。单击【确定】按钮退出。然后单击【完成】按钮。

⑥ 排定任务日程：选择前后有逻辑顺序的任务，然后单击相应的按钮，排定其顺序。

⑦ 项目信息的设置：对于简单的项目，可以直接利用向导；对于复杂的项目，最好在进行项目之前就仔细地设置每个项目信息。选择【项目】|【任务信息】命令，在弹出的对话框中，如果想从开始日期排定项目日程，则先在【日程排定方法】中选择【从项目开始之日起】，然后在【开始日期】中选择。相反，如果想从结束日期开始排定，如"必须在2010 年 8 月 24 日前完工"，则必须先在【日程排定方法】中选择【从项目完成之日起】。然后在【完成日期】中选择。

⑧ 读取来自 Excel 的数据。在计划的初期，如果有人习惯用 Excel 来进行，则再将内容输入一遍很费时间，因此，可以利用转换的方式进行。也可以采用两种方法：拖动复制的方法及利用导入的方法。

⑨ 利用导入的方法。在【项目向导】中选择【列出项目中的任务】链接，然后在【从 Excel 导入任务】的选项下，单击【导入向导】链接，在弹出的对话框中选择要导入的文件，选择【下一步】，选择【新建映射】|【下一步】，选择【将数据追加到活动项目】|【下一步】，在【导入向导－映射选项】对话框中，选择要导入的数据类型为【任务】，同时选中【导入包含标题】。出现【导入向导－任务映射】对话框，在工作表名上选择或者已经自动填入【Sheet】，单击【下一步】按钮。如果出现错误，则进行人工映射。最后单击【完成】按钮。检查是否出现错误。

实训二　利用 Microsoft Project 进行时间进度的安排

1. 实训目的

利用 Project 2003 实现项目的时间管理。

2. 实训内容

（1）学会利用 Project 2003 实现项目的时间管理的功能与步骤。
（2）完成实训报告。

3. 操作步骤

1）设置项目日历

可以修改项目日历，以反映项目中每个人的工作时间。日历的默认值为星期一至星期五，上午 8∶00 至下午 5∶00，其中有一个小时的午餐时间。

可以指定非工作时间，例如周末、晚上的时间以及一些特定的休息日，如节假日等。

（1）修改过程如下：

① 单击【视图】菜单中的【甘特图】命令。
② 单击【工具】菜单中的【修改工作时间】命令。
③ 在日历中选择一个日期。
④ 如果要在整个日历中修改每周中的某一天（例如，希望每周五下午 4：00 下班），则单击日历顶端那天的缩写。
⑤ 如果要修改所有的工作日（例如，希望从星期二到星期五的工作日上午 9：00 上班），则单击一周中第一个工作日的缩写（例如星期二的缩写为 T）。按住 Shift 键，然后单击一周中最后一个工作日的缩写（例如星期五的缩写为 F）。
⑥ 如果要将某些天标记为非工作日，则单击【非工作日】单选按钮；如果要改变工作时间，则可单击【非默认工作时间】单选按钮。
⑦ 如果在上一步中单击了【非默认工作时间】单选按钮，则在"从"文本框中键入开始工作的时间，在"到"文本框中键入结束工作的时间。
⑧ 单击【确定】按钮。

当本企业的时间日历和标准日历差异较大时，需要进行专门的设置，以便以后长期使用时，可以新建日历并将新建的日历共享。选择菜单中的【工具】|【管理器】命令，在弹出的对话框中选择【日历】选项卡，将新建的日历复制到【GLOBAL.MPT】，以便下次就可以使用了。

（2）创建里程碑。里程碑是一种用以识别日程安排中重要事件的任务，例如某个主要阶段的完成。如果在某个任务中将工期输入为 0 个工作日，则 Microsoft Project 将在【甘特图】中的开始日期上显示一个里程碑符号。
① 在【工期】域中，单击要设为里程碑任务的工期，然后键入"0d"。
② 按 Enter 键。
③ 建立任务之间的关系（任务之间的关系如表 10-2 所示）。
（3）项目之间的关系的应用：依据表 10-2 的关系在甘特图中创建里程碑。

表 10-2 任务之间的关系

任务相关性	范 例	描 述
完成—开始	A → B	任务 B 必须在任务 A 完成之后才能开始，如盖房子必须先打地基才能建墙体
开始—开始	A, B	任务 B 必须在任务 A 开始之后才能开始，如所有的人都到了之后才能开始
完成—完成	A, B	任务 B 必须在任务 A 完成之后才能完成，如想要得到大家的意见必须在进行调查之后才能得到意见
开始—完成	A, B	任务 B 必须在任务 A 开始之后才能完成，如站岗时，必须下一个士兵来了，上一个士兵才能走

（4）前置时间和延迟时间的设置：
① 前置时间（LT）是指有相关性的（FS、SS、FF、SF）任务之间的重叠。

② 延迟时间是指有相关性的任务之间的延迟时间。例如，如果需要一个任务完成后迟两天才开始另一个任务，则延迟时间为 2d。

③ 设置延迟时间和前置时间的方法为：选择要设置的任务，然后选择菜单中的【项目】|【任务信息】，选择【前置任务】选项卡，建立任务之间的相关性，选择延迟时间。或者先建立任务的相关性，再在此时设置延迟时间。或者先建立任务的相关性，再在甘特图上双击链接线，在弹出的对话框中设置延迟时间。

（5）设定任务的开始或完成日期。

安排任务日程最有效的办法是输入任务的工期，创建任务的相关性，然后让 Microsoft Project 计算任务的开始和完成日期；也可以在需要时设定任务的开始或完成日期。

为任务设置特定日期的任务限制称为非弹性限制，最不灵活的限制是指定任务开始或完成日期。因为 Microsoft Project 在计算日程安排时需要考虑这些限制条件，所以请在任务必须在特定的日期开始或完成时才使用非弹性限制。

① 在【任务名称】域中单击需要设定开始或完成日期的任务，然后单击【任务信息】按钮。

② 单击【高级】选项卡。

③ 在【限制类型】文本框中选择一种限制类型。

④ 在【限制日期】文本框中键入或选择一个日期，然后单击【确定】按钮。

（6）设定任务期限。在设定任务的期限时，如果将任务设定在期限之后完成，Microsoft Project 会显示一个标记。设定期限不会影响任务的日程安排。这只是 Microsoft Project 用于通知任务将在期限之后完成的一种方式，从而可以调整日程安排以满足期限的要求。

① 单击【视图】菜单中的【甘特图】命令。

② 在【任务名称】域中，单击需要设定期限的任务。

③ 单击【任务信息】按钮，然后单击【高级】选项卡。

④ 在【任务限制】下，在【期限】文本框中键入或选择期限日期，然后单击【确定】按钮。

（7）拆分任务。如果某项任务需要中断后继续开始，可以在日程中拆分任务。在有些情况下，这是很有用的。例如，如果需要暂时停止某任务的工作，转而进行其他任务。根据不同的需要可以将任务拆分任意多次。

请注意，将任务拆分成多个部分与周期性任务不同。周期性任务是按固定的间隔进行的任务，例如员工会议。

① 单击【视图】菜单中的【甘特图】命令。

② 单击【拆分任务】按钮。

③ 在任务的【甘特条形图】中，单击要拆分的日期，然后拖动条形图的第二部分直至要继续开始工作的日期。

在甘特图的空白图双击，可以出现甘特图图形修改的界面。如果单独修改某个任务的甘特图，就选中该任务进行双击，然后修改。

2）WBS 的生成

（1）选择【视图】|【工具栏】命令，再选择【分析】命令以打开【分析】工具栏。

(2)单击【Visio WBS 图表向导】按钮,并在下拉菜单中选择【启动向导】命令。

(3)按顺序选择下去,在【所有小于或等于大纲级别的任务】选项中选择级别"2",这是根据任务的级别的复杂程度而定的,然后单击【下一步】按钮,再单击【完成】按钮。系统便会自动打开 Visio。

PERT 分析的分析如下。

(1)在打开一个之前已经做好的项目文件,在菜单中选择【视图】|【工具栏】|【PERT 分析】命令,此时会出现【PERT 分析】工具栏。

(2)在工具栏上移动鼠标,观察各图标的作用,然后单击最后一个图标【PERT 项工作表】,就会出现 PERT 项工作表,其中乐观、悲观和预期的三种工期都为零,现在根据实际情况输入这些数据。

(3)单击【设置 PERT 权重】按钮,设置各种情况的权重,其中三种情况加起来为 6。

(4)单击【计算 PERT】按钮,此时会计算每种项目计划的可能工期,并重新产生一个 PERT 工作表。

(5)分别单击【PERT 分析】工具栏上的前三个按钮,分别生成乐观、预期、悲观三种情况下的甘特图。

实训三　Project 2003 练习

1. 实训目的

(1)了解 IT 项目管理的基本概念和项目管理核心领域的一般知识。

(2)初步掌握项目管理软件 Microsoft Project 的操作界面和基本操作。

(3)学会使用 Project 2003 的帮助文件.

2. 实训内容

(1)熟悉 Project 的界面和基本操作。

(2)了解 Project 2003 视图(甘特图、任务分配状况、日历、网络图、资源工作表、资源使用情况、资源图表、组合视图),能够在各个视图之间切换。

(3)新建项目文件、设置关键项目信息。

3. 操作步骤

熟悉 Project 2003 视图:

(1)针对本组项目做 WBS 功能分解。

(2)选择【文件】|【新建】命令打开新建项目任务窗格中选择新建区域下的空白项目超链接,新建一个项目文件"项目 1"。

(3)选择【项目】|【项目信息】命令,打开【项目信息】对话框。

(4)在默认情况下,用户可以利用【项目信息】对话框指定开始时间等。

(5)在【日历】下拉列表中指定一个用于计算工作时间的标准日历。

(6)完成上述操作后单击【确定】按钮。

（7）输入本组项目中的各个任务，把功能分解的所有任务都输入（只需要输入任务名称）。

习 题

1. 选择题

（1）软件项目管理是（　　）一切活动的管理。
　A．需求分析　　　　　　　　　B．软件设计过程
　C．模块设计　　　　　　　　　D．软件生命周期

（2）版本用来定义软件配置项的（　　）。
　A．演化阶段　　　　　　　　　B．环境
　C．要求　　　　　　　　　　　D．软件工程过程

（3）变更控制是一项最重要的软件配置任务，其中"检出"和（　　）处理实现了两个重要的变更控制要素，即存取控制和同步控制。
　A．登入　　　　　　　　　　　B．管理
　C．填写变更要求　　　　　　　D．审查

（4）在软件工程项目中，不随参与人数的增加而使生产率成比例增加的主要问题是（　　）。
　A．工作阶段的等待时间　　　　B．产生原型的复杂性
　C．参与人员所需的工作站数目　D．参与人员之间的通信困难

（5）软件工程学中除重视软件开发技术的研究外，另一重要组成内容是软件的（　　）。
　A．工程管理　　　　　　　　　B．成本核算
　C．人员培训　　　　　　　　　D．工具开发

（6）软件计划是软件开发的早期和重要阶段，此阶段要求交互和配合的是（　　）。
　A．设计人员和用户　　　　　　B．分析人员和用户
　C．分析人员和设计人员　　　　D．编码人员和用户

2. 填空题

（1）软件工程管理的对象是_____。
（2）可行性研究报告包括_____、_____、_____。
（3）对一个软件工程来说，占工作量的百分比最大的是_____。

3. 思考题

（1）软件质量度量的方法包括哪些？
（2）简述一个成熟的软件机构应具有的特点。
（3）软件工程管理的主要任务是什么？

参 考 文 献

[1] 郑人杰，殷人昆，陶永雷．实用软件工程（第二版）．北京：清华大学出版社，1997．
[2] 王选．软件设计方法．北京：清华大学出版社，1992．
[3] 钱乐秋，赵文耘，牛军钰．软件工程．北京：清华大学出版社，2007．
[4] 杨文龙，姚淑珍，吴云．软件工程．北京：电子工业出版社，1999．
[5] Clifford A.Shaffer．数据结构与算法分析．张铭，刘晓丹译．北京：电子工业出版社，1999．
[6] 古柏．软件创新之路．刘瑞挺等译．北京：电子工业出版社，2001．
[7] 朱三元，钱乐秋，宿为民．软件工程技术概论．北京：科学出版社，2002．
[8] 齐治昌等．软件工程．北京：高等教育出版社，2001．
[9] 周之英．现代软件工程．北京：科学出版社，2000．
[10] 徐家福，吕建．软件语言及其实现．北京：科学出版社，2000．
[11] 郝克刚．软件设计研究．西安：西北大学出版社，1992．
[12] 张海藩，孟庆昌．计算机第四代语言．北京：电子工业出版社，1996．
[13] 黄锡滋．软件可靠性、安全性与质量保证．北京：电子工业出版社，2002．
[14] 中国标准出版社编．计算机软件工程规范国家标准汇编．北京：中国标准出版社，1992．
[15] 杨一平．现代软件工程技术与 CMM 的融合．北京：人民邮电出版社，2002．
[16] Craig Larman．UML 和模式应用．姚淑珍，李虎译．北京：机械工业出版社，2002．
[17] 王恩波，王若宾．管理信息系统实用教程．北京：人民邮电出版社，2009．
[18] 郭庚麒，余明艳，杨丽．软件工程基础教程．北京：科学出版社，2008．
[19] 周兴华，李增民，藏洪光．Delphi7 数据库项目案例导航．北京：清华大学出版社，2005．